Mohamed M. Abou-Mahmoud

Descobrir a cidade de Pharos

Mohamed M. Abou-Mahmoud

Descobrir a cidade de Pharos

Caraterísticas dos fundos marinhos dos portos egípcios do Mediterrâneo, Alexandria

ScienciaScripts

Imprint

Cover image: www.ingimage.com

This book is a translation from the original published under ISBN 978-3-659-85268-8.

Publisher:
Sciencia Scripts
is a trademark of
Dodo Books Indian Ocean Ltd. and OmniScriptum S.R.L publishing group

120 High Road, East Finchley, London, N2 9ED, United Kingdom
Str. Armeneasca 28/1, office 1, Chisinau MD-2012, Republic of Moldova, Europe
Managing Directors: Ieva Konstantinova, Victoria Ursu
info@omniscriptum.com

Printed at: see last page
ISBN: 978-620-8-36869-2

ÍNDICE DE CONTEÚDOS

DEDICAÇÃO

Dedico esta tese aos meus pais, irmãs, irmão, filho e esposa, pedindo a Alá que lhes conceda a sua graça e generosidade nesta vida e na próxima.

AGRADECIMENTOS

Em primeiro lugar, todos os agradecimentos a **Alá**, que me concedeu a sua graça e generosidade, não só para concluir este trabalho, mas também em toda a minha vida.

Dr. Adly H. El Nikhely, professor de Geofísica, Departamento de Física, Faculdade de Ciências, Universidade de Alexandria, pelo seu interesse eficiente, orientação, encorajamento contínuo durante este trabalho e revisão séria através da qual adquiri mais experiência neste domínio de estudo.

Tenho uma verdadeira dívida de gratidão e apreço para com. ***Ass. Amr Zakaria Hamouda,*** Professor Associado de Geofísica Marinha, Laboratório de Geologia e Geofísica Marinha, Instituto Nacional de Oceanografia e Pescas, Delegação de Alexandria, que me disponibilizou o seu tempo e experiência profissional durante este trabalho e a análise dos dados. Gostaria de lhe agradecer a sua revisão crítica, a discussão frutuosa do manuscrito, a sugestão do meu problema de investigação e o seu acompanhamento durante todas as suas fases.

Não posso esquecer ***todo o pessoal do Departamento de Física da Faculdade de Ciências da Universidade de Alexandria,*** pela sua ajuda e encorajamento durante todo o período deste trabalho.

Espero expressar os meus mais profundos agradecimentos à ***equipa de trabalho do Laboratório de Geologia e Geofísica Marinha do Instituto Nacional de Oceanografia e Pescas, filial de Alexandria,*** pela sua ajuda e encorajamento durante o estudo e também pela sua ajuda durante a parte prática deste trabalho.

Gostaria de exprimir os meus maiores agradecimentos a todos os meus ***colegas*** do Instituto Nacional de Oceanografia e Pescas pela sua ajuda amigável durante a parte prática deste trabalho.

Lista de abreviaturas

RESUMO

A utilização do Quester Tangent Corporation **(QTC VIEW) (eco-sonda de feixe único)** tem muitas vantagens, uma vez que oferece a possibilidade de obter resultados de levantamentos em linha com excelente resolução para áreas de águas pouco profundas e profundas. O sistema de classificação acústica do fundo marinho do QTC VIEW discriminou rochas de sedimentos nas áreas de estudo. Além disso, classifica os diferentes tamanhos de grão dos sedimentos. As diferentes classes acústicas estão relacionadas com diferentes propriedades físicas, tais como o tamanho do grão do sedimento.

O sistema de discriminação acústica terrestre de feixe único QTC View, Série V, foi utilizado para o levantamento dos portos ocidental e oriental de Alexandria, durante outubro e dezembro de 2009, para identificação, mapeamento e comparação da diversidade acústica do fundo. Os dados acústicos foram obtidos através de um levantamento sucessivo para cada um dos portos. Os levantamentos foram realizados utilizando a frequência do ecobatímetro: 50 kHz, em toda a linha de levantamento (mapa 2) no porto ocidental e 23 secções (norte-sul) e 17 secções (leste-oeste) no porto oriental (mapa 1). Foi analisado o desempenho de cada frequência de levantamento para a identificação dos gradientes sedimentares.

A maioria das áreas estudadas são menos profundas do que 5 m no porto oriental, embora a profundidade possa ocasionalmente atingir 14 m em áreas específicas localizadas num canal de navegação no porto ocidental. Os dados acústicos obtidos a uma frequência foram, individualmente, submetidos a empilhamento e agrupamento, tendo-se chegado a uma solução final composta por cinco classes acústicas no porto ocidental e seis classes acústicas no porto oriental, para ambos os conjuntos de dados. O levantamento acústico foi complementado com amostragens e levantamentos por mergulhadores, que recolheram amostras de verdade para os dados.

No conjunto da análise granulométrica e do inquérito aos mergulhadores, as classes acústicas são semelhantes ao resultado da análise granulométrica. As zonas de estudo contêm mais poluentes, o que foi indicado pelas observações dos mergulhadores. Os mapas batimétricos estabelecidos pelo levantamento acústico esclarecem que o fundo do mar nas áreas de estudo se inclina gradualmente em direção ao centro do porto e à abertura de El-Boughaz. Esta inclinação deve-se à corrente de entrada e de saída. Há um navio afundado em frente à abertura de El-Boughaz em cada área de estudo, o que afecta o sistema ecológico.

Uma das vantagens desta investigação é identificar a presença de parte das antiguidades afundadas que foram fotografadas por mergulhadores e identificar as suas coordenadas. Além disso, verificou-se que a maioria das zonas de estudo tem uma enorme quantidade de poluentes.

1. INTRODUÇÃO

O porto ocidental e o porto oriental de Alexandria situam-se ao longo da margem noroeste do delta do Nilo, que se formou numa margem relativamente estável do nordeste de África. Durante muitos séculos, Alexandria foi o principal centro de comércio e navegação na costa do Egito, no Mar Mediterrâneo Oriental. No passado, a maior parte desta cidade perdeu-se, quer por baixo de construções posteriores, quer devido a aluimentos. No entanto, continua a ser um grande património intelectual, porque debaixo das suas águas se encontram respostas para uma miríade de enigmas arqueológicos por resolver. Devido ao afundamento da linha de costa, a profundidades que chegam a atingir os oito metros, um número considerável de cidades antigas está afundado. O desenvolvimento do porto de Alexandria compete com os projectos de habitação à beira-mar. A poluição industrial ameaça a pesca artesanal. As zonas húmidas costeiras são preenchidas pela urbanização. A expansão das estradas acelera a erosão das praias turísticas e mina a estrutura da orla marítima. A zona costeira de Alexandria está atualmente a enfrentar uma série de problemas resultantes de uma quantidade considerável de águas residuais descarregadas na zona costeira de Alexandria a partir da área circundante, tal como descrito por (Saad et al., 1985, Said et al., 1995 e Hassan e Saad, 1996). Este fenómeno ocorre extensivamente em seis regiões, incluindo o porto oriental e o porto ocidental.

O porto ocidental é um grande porto comercial em Alexandria e o porto oriental é um dos embaiamentos com importância ecológica, económica e turística na costa mediterrânica egípcia. Atualmente, o porto oriental é utilizado como doca para navios de pesca e como área de lazer para os cidadãos de Alexandria e também como local para todos os tipos de desportos aquáticos, incluindo pesca, desportos de iate, efluentes terrestres, natação, vela, recreação. ... etc.

Por esta razão, foi elaborado um plano para estudar estas zonas. O Quester Tangent Corporation (QTC) é uma ferramenta de pesquisa sísmica que será utilizada para mapear diferentes tipos de sedimentos, detetar a poluição e dar uma imagem completa sobre o que está a acontecer nestas áreas. O QTC é atualmente de grande importância, uma vez que permite detetar qualquer objeto à distância. Pode ser utilizado para fontes de minerais, gás hidratado e objectos submersos, para a extensão e manutenção de condutas e para a deteção da fonte de poluição no mar. O QTCView Series V (QTCV) é utilizado para a aquisição de dados e o software QTC IMPACT (versão 3.4) é utilizado para o tratamento e classificação dos dados. Esta ferramenta depende principalmente das caraterísticas físicas dos sedimentos do fundo do mar.

A análise dos sedimentos é um bom guia para a avaliação do levantamento geofísico. Além disso, a análise granulométrica segue a variação dos parâmetros granulométricos ao longo das áreas de estudo. Os sedimentos são uma matriz de materiais, que consiste em detritos, partículas inorgânicas e orgânicas, e é relativamente heterogénea em termos das suas caraterísticas físicas, químicas e biológicas (Chapman e Wang, 2001). Os sedimentos marinhos podem ser indicadores sensíveis para a monitorização de contaminantes em ambientes aquáticos, uma vez que acumulam poluentes persistentes em concentrações ordens de grandeza superiores às da água. Os estudos sobre o efeito da granulometria são importantes tanto para os estudos ambientais como para a gestão ambiental (Zhang et al., 2002).

Uma vez que a granulometria dos sedimentos controla os processos físico-químicos nas superfícies das partículas sedimentares, foi necessário estudar as caraterísticas mecânicas dos sedimentos recolhidos. A granulometria do sedimento clássico é um indicador da energia do meio de deposição, ou da energia da sua bacia. A granulometria é, portanto, um fator importante na determinação da forma como os sedimentos são transportados e depositados no meio marinho.

Objetivo do estudo

1. Deteção das caraterísticas do fundo do mar para os portos ocidental e oriental.
2. Detetar a semelhança ou a variação das caraterísticas dos fundos marinhos entre os portos ocidental e oriental.
3. Estudar a variação da granulometria e das caraterísticas petrofísicas dos sedimentos para obter uma imagem nítida do fundo do mar.
4. Avaliação da relação entre a assinatura de frequência e as caraterísticas dos sedimentos.
5. Conhecer os factores que influenciam a topografia dos fundos marinhos.
6. Compreender a classificação do fundo do mar.

Objectivos gerais

Os objectivos gerais do estudo serão os seguintes

7. Levantamento geofísico dos portos ocidental e oriental para mostrar a distribuição dos sedimentos, a estrutura do relevo, o mapa de curvas de nível, a arqueologia afundada e o efeito dos antigos esgotos domésticos e a avaliação dos seus impactos nos projectos marinhos e costeiros.

8. Atualização dos mapas batimétricos das zonas de estudo para atualizar os dados para a navegação.

9. Avaliação dos parâmetros petrofísicos (permeabilidade, constante dieléctrica, etc...) dos sedimentos dos portos ocidental e oriental através de análises petrofísicas.

10. Promover a utilização das novas tecnologias em detrimento dos métodos tradicionais para valorizar o tempo e o esforço.

11. A precisão das ligações é mais importante do que a técnica.

12. Os resultados deste estudo serão utilizados como um estudo de base ambiental neste área crítica contra os futuros efeitos antropogénicos.

2. ÁREAS DE ESTUDO

Figura 1. Localização das áreas de estudo, Alexandria, Egito (Google Earth).

Figura 2. Localização dos portos ocidental e oriental (Google Earth).

Alexandria situa-se na costa mediterrânica do Egito e estende-se por mais de 75 km ao longo da costa, desde a baía de Abu Qir a leste até El Hamam a oeste. A costa de Alexandria está orientada mais ou menos segundo um eixo SW-NE e caracteriza-se pela presença da península de Pharos, que separa os portos ocidental e oriental. A história agitada da antiga Alexandria deixou uma variedade de vestígios arqueológicos, alguns à superfície da terra, outros enterrados à superfície do mar e outros enterrados no fundo do mar, de modo que qualquer pessoa familiarizada com as circunstâncias em que a cidade de Alexandria se desenvolveu e com a geografia, a topografia e a história geológica da região, se aperceberá de que a história da exploração arqueológica da metrópole de Alexandria ainda não terminou. Uma vez que a região costeira onde Alexandria se situa tem vindo a sofrer um abatimento desde tempos remotos, muitas caraterísticas da cidade antiga perderam-se para o mar, mais precisamente na zona portuária oriental. As praias balneares de Alexandria, um recurso importante para uma estância de verão, estão sujeitas a uma erosão contínua. As razões invocadas para o afundamento do litoral mediterrânico africano vão desde o peso dos sedimentos provenientes da foz do Nilo, na vizinha Roseta, até à deslocação das placas africanas.

A salinidade é um fator muito importante no estudo geofísico. A água do mar de Alexandria é constituída por cerca de 96,5% de água e 3,5% de sais dissolvidos. A salinidade é uma medida dos sais dissolvidos na água do mar. É calculada como a quantidade de sal (em gramas) dissolvido em 1.000 gramas de água do mar (ppt) partes por milhares (IHO, 2004). A salinidade afecta a densidade da água do mar e, por conseguinte, influencia a estratificação da água do mar. Com outros factores constantes, o aumento da salinidade da água do mar provoca um aumento da sua densidade. A água do mar de alta salinidade geralmente afunda-se abaixo da água de baixa salinidade. Isto leva à estratificação da água ou estratificação por salinidade. A salinidade varia ao longo dos oceanos, consoante a água doce tenha sido adicionada por precipitação ou removida por evaporação.

1.1. Porto ocidental

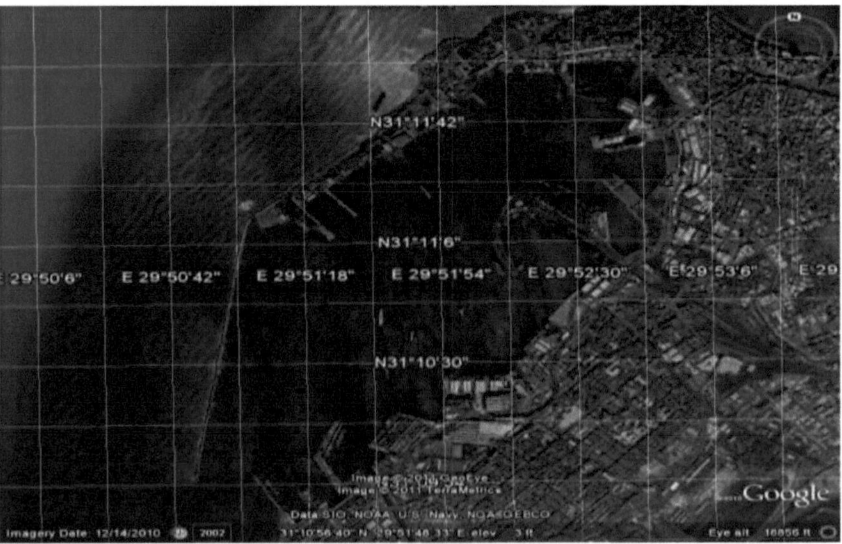

Figura 3. O porto ocidental.

O porto ocidental situa-se entre 29° 47' 6" - 29° 53' 6" de longitude E e 31° 7' 21" - 31° 12' 3" de latitude N (fig.3). O porto é pouco profundo. O porto ocidental recebe a grande maioria do comércio externo egípcio. É considerado um dos maiores e mais importantes portos do Mar Mediterrâneo. A sua profundidade varia entre 5,5 e 16,0 m. O porto ocidental abre-se ao mar por EL-Boughaz e está protegido por dois quebra-mar. O porto ocidental está fortemente poluído, recebendo vários poluentes externos e internos de diferentes fontes. A área do porto ocidental é considerada uma zona de transição entre o delta do Nilo e o terreno calcário, que se estende ao longo da costa noroeste do Egito.

A eutrofização tornou-se um problema persistente no porto ocidental, tendo sido registada pela primeira vez em 1985. Estes problemas surgiram em resultado do enriquecimento contínuo de nutrientes provenientes de diferentes fontes, incluindo actividades marítimas, vários efluentes terrestres constituídos por resíduos industriais, domésticos e agrícolas mistos, bem como fertilizantes químicos armazenados. As cargas de nutrientes dependem diretamente das actividades humanas, que, por sua vez, dependem do crescimento da população humana mundial. Consequentemente, a eutrofização induzida pelo homem está, de certa forma, relacionada com o aumento da população humana (De Jonge et al., 2002).

1.2. Porto oriental

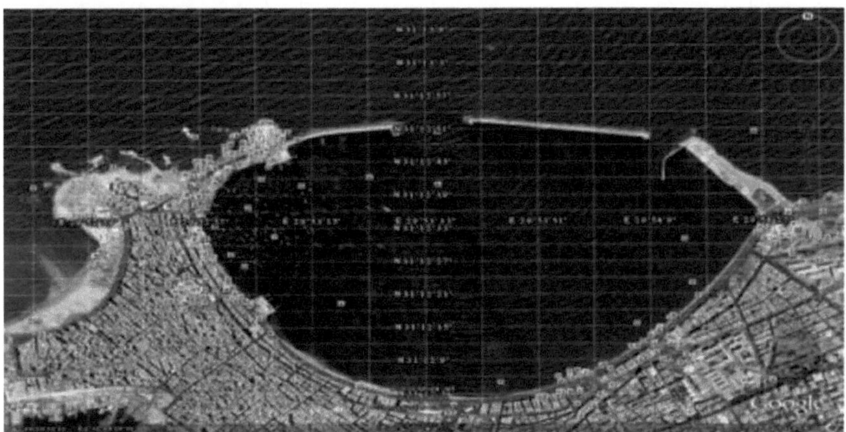

Figura 4. O porto oriental.

O porto oriental situa-se entre 29° 52' 57" - 29° 54' 27" de longitude E e 31° 12' 00" - 31° 12' 54" de latitude N (fig.4). O porto oriental é uma pequena bacia semicircular pouco profunda rodeada por Alexandria, com uma área de 2,53 milhões de m^2 e uma profundidade média de

6,5 m. Está abrigado do Mar Mediterrâneo por um quebra-mar que deixa duas aberturas. A linha costeira do porto tem um comprimento de cerca de 3800 m e foi reforçada com blocos de betão. Durante as fortes tempestades de inverno, este muro de betão não é capaz de impedir o galgamento das ondas em alguns locais ao longo da sua costa. Mais de metade do porto oriental tem uma profundidade igual ou inferior a 5 m; o sector centro-norte do embaiamento tem uma profundidade maior e ultrapassa os 10 m na saída do porto. Vários recifes grandes (>500 m de largura) e pouco profundos estão cartografados nas partes sudoeste e nordeste do porto (Goddio et al., 1998).

As condições oceanográficas caraterísticas incluem um ambiente de micromarés (até 30 cm) e temperaturas da superfície do mar sazonalmente variáveis, que oscilam entre 16,7 e 26°C. O vento prevalece de noroeste e oeste no verão e de sudoeste no inverno, conduzindo as correntes costeiras (média de 0,5 nós) para leste da região de Alexandria (Poem Group, 1992). A altura da onda na plataforma a norte de Alexandria atinge 1,5-2 m, mais frequentemente no inverno, conduzindo a água do mar para terra a partir da plataforma interior para o porto. Durante muitos dias do ano, a água desta bacia portuária semi-fechada é agitada pelas ondas e pelas correntes de fundo. Um grande volume de resíduos municipais é descarregado no porto a partir da cidade adjacente, densamente povoada.

O porto oriental é protegido do mar por um quebra-mar artificial, deixando duas aberturas (El-Boughaz e El-Silsilla) para o mar. A abertura ocidental (El-Boughaz com menos de 300 m de comprimento) destina-se à navegação. Por conseguinte, a maior parte das águas do porto oriental estão confinadas e não circulam livremente com as suas contrapartes no exterior.

3. REVISÃO DA LITERATURA

Foram efectuados vários estudos sobre as zonas de estudo. Estes estudos serão apresentados de recentes a antigos.

3.1. Estudos geofísicos

Monahan, (2011) afirmou numa das suas séries de seminários que a maioria dos mapas e grelhas de batimetria são produzidos a partir de medições acústicas. Alguns mapas de batimetria em águas pouco profundas derivam do LIDAR e alguns mapas e grelhas à escala mundial são produzidos a partir de altimetria por satélite.

Gleason, (2009), Freitas et al., (2008), Riegl et al., (2007), Gleason et al., (2006), Hetzinger et al., (2006), Moyer et al., (2005), Riegl e Purkis, (2005), Riegl et al., (2005a), Riegl et al., (2005b) e Hutin et al., (2005). Efectuaram vários estudos geofísicos marinhos com o QTC View série V. Conseguiram diferenciar as classes de fundos marinhos ao longo dos levantamentos geofísicos marinhos.

Bloomer et al., (2007), Hutin et al., (2005), Preston et al., (2004b), Smith et al., (2004), Hewitt et al., (2004), Freeman e Rogers, (2003), Freitas et al., (2003a), Anderson et al., (2002), Ellingsen et al., (2002), Freeman et al., (2002), von Szalay e Mc. Connaughey, (2002), Morrison et al., (2001), Bornhold et al., (1999), Hamilton et al., (1999) e Collins e Mc. Connaughey, (1998). Efectuaram vários estudos geofísicos marinhos com o QTC View série IV. Foram capazes de discriminar rochas de sedimentos em todos os estudos geofísicos marinhos.

Os novos dados de El-Geziry et al. (2007), provenientes de um levantamento batimétrico recente no porto oriental, são utilizados para elaborar a sua carta batimétrica. A carta batimétrica será um instrumento útil para o acompanhamento dos problemas do porto e para propor soluções adequadas.

Hamouda, (2006) indicou que no ano 1303, o evento que danificou o Egito resultou numa onda de tsunami de 9m em Alexandria, chegando a cerca de 40 minutos da fonte do terramoto (a sudeste de Creta). Este trabalho ajudará a promover a sensibilização para o risco de tsunami no Mediterrâneo e em Alexandria.

Ahmed et al., (2004) estudaram as imagens Landsat TM no porto ocidental como uma forma muito eficaz de obter dados sobre a cor da superfície do mar.

Goddio et al. (1998) receberam autorização para inspecionar o porto oriental no início dos anos 90 e iniciaram uma escavação em grande escala em 1996. As descobertas imediatas de Goddio confirmaram as suspeitas de que os terramotos alteraram grandemente o local de Alexandria. Além disso, argumenta que a área pode ter sido afetada por catástrofes, incluindo uma subida súbita do nível do mar devido a inundações, subsidência, liquefação do fundo do mar e a provável deslocação do braço canópico do Nilo. No total, Goddio localizou e desenhou mais de 1.000 artefactos diferentes, incluindo colunas, bacias, esfinges, estátuas, partes de obeliscos com hieróglifos e cerâmicas. Outro marco encontrado foi um naufrágio romano localizado no fundo do porto, perto da ilha de Antirhodus.

Maiyza e Said, (1988) afirmaram que o fundo se inclina gradualmente em direção ao centro do porto oriental e à abertura de El-Boughaz.

Schwartz, (1980) referiu no seu estudo preliminar do porto oriental 1.) A localização da antiga linha de costa; a localização e descrição preditiva de vários sítios, incluindo: a ilha de Antirrhodus e o complexo Emporium/Poseidium/Timonium; um complexo palaciano pertencente a Cleópatra; e, uma elaboração adicional, tanto em termos de localização como de descrição preditiva, da área do farol de Pharos. 2.) Uma comparação de dados de visualização remota e de sonar de varrimento lateral depois de cada abordagem ter pesquisado a mesma área.

3.2. Estudos geológicos.

Stanley et al., (2005) estudaram núcleos de sedimentos nos dois portos de Alexandria (ocidental e oriental) separados pelo Heptastadion para fornecer um registo estratigráfico, petrológico e de biofácies para identificar o ano 365 d.C. e eventos subsequentes.

Draz, (2004/2005) referiu que a distribuição granulométrica do porto oriental mostra a ocorrência de areias grossas a médias, sugerindo provavelmente interrupções no sistema deposicional. A areia média constitui agregados mais pequenos e conchas de foraminíferos com ostracodes e caracteriza-se por uma composição textural homogénea. O lado oriental da área muda durante o ano de areia fina para areia grossa e média, o que pode ser interpretado com base nas correntes fortes e turbulentas a que a área de estudo esteve sujeita. O lado ocidental aparece como a única localidade recetora dos impactos humanos.

Stanley et al., (2004), Guidoboni et al., (1994) e Kebeasy, (1990) afirmaram que Alexandria tem sido periodicamente afetada por fortes abalos sísmicos, tsunamis destrutivos e falhas de crescimento.

Shata e Deghedy, (2004) estudaram dez furos de sondagem no porto de El-Dekheila, com uma profundidade entre 15 e 30m. As distribuições verticais das unidades sedimentológicas ao longo dos furos investigados revelaram que toda a subsuperfície da bacia é constituída por cinco camadas diferentes, reflectindo a interação de ambientes lagunares marinhos e fluviais. Com base nas caraterísticas litológicas, estes sedimentos podem ter sido depositados num ambiente de baixa energia.

Mustafa et al. (2000) afirmam que, todos os anos, grandes quantidades de areia do deserto são espalhadas nas praias para compensar o material perdido, mas a areia adicionada é gradualmente removida pela ação interminável das ondas e pelas tempestades, acabando por cobrir o fundo próximo da costa.

Warne e Stanley, (1993) ilustraram que a região de Alexandria pode ser subdividida numa série de áreas geomórficas distintas, incluindo praia, crista carbonatada, depressão interior, dreno, canal, colina baixa, semideserto, lagoa recuperada e terras agrícolas irrigadas.

Zaghloul et al., (1992) relataram que a faixa norte do Delta do Nilo se distingue por uma drenagem deficiente, relevo baixo, solo alcalino e nível de água subterrânea próximo da superfície do solo.

Neev et al. (1987, 1985 e 1982) sugeriram que a região de Alexandria se situa no interior de uma importante zona de fratura orientada para nordeste-sudoeste (uma mega-sísmica lateral esquerda) que se estende da costa da Palestina-Líbano para sudoeste através da África Central.

Said, (1981) afirmou que a instabilidade em Alexandria se deve a um provável reajustamento a um substancial down warping das espessas sequências sobrepostas de sedimentos do Terciário e do Quaternário do Delta do Nilo.

Toma e Salama (1980) estudaram as alterações na topografia do fundo da plataforma ocidental do Delta do Nilo.

Maldonaldo, e Stanely, (1978) estudaram a sedimentologia e estratigrafia do Quaternário tardio de cerca de 74 núcleos perfurados na plataforma e no talude ao largo do Delta do Nilo.

El-Halaby, (1975) mencionou que a cidade de Alexandria se situa numa ampla barra de areia formada por sedimentos quaternários entre o Lago Mariut e o Mediterrâneo, numa região provavelmente dominada pelas influências sedimentares e tectónicas que governaram o desenvolvimento do Delta do Nilo.

El-Ramly, (1971 e 1968) e Shata, (1955) descreveram as dobras subsuperficiais na região de Alexandria.

El-Wakeel, (1964) relatou que os esqueletos quebrados de balanus e o verme tubular contribuem fortemente para o sedimento do porto oriental.

Hilmy (1951) estudou as areias das praias da costa mediterrânica do Egito e distinguiu três zonas de topografia e litologia diferentes: a parte ocidental (a oeste de Rosetta), a parte intermédia (entre Rosetta e Damietta) e a parte oriental (a leste de Damietta). Informou que as areias da praia são, em geral, bem selecionadas e têm uma distribuição de tamanhos bastante simétrica em torno da mediana. Informou também que a costa mediterrânica do Egito data do Pleistoceno ao Holoceno.

Existem vários estudos geológicos sobre a parte norte do Egito durante o século passado {Ball, (1939), Sandford e Arkell, (1939), Hume e Hughes, (1921), Blankenhorn, (1921 e 1901), e Forteau, (1883)}. A maioria destes estudos foi realizada nas cristas costeiras pleistocénicas da planície costeira noroeste do Egito. Outros estudos sobre a zona costeira do norte do Egito foram realizados por El-Sabrouti, (1990), Anwar et al., (1979), Loutfy, (1978), Rashed, (1978), El-Sabarouti, (1973), Moussa, (1973), Soliman, (1964), Butzer, (1960), Higazy e Naguib, (1958), Said et al., (1956), Shukri et al., (1955) e Shukri e Philip, (1956).

El-Falaky, (1872) referiu que a cidade de Alexandria se situa numa série de elevações de terreno que são formadas por calcário rochoso com areia emergente de altura máxima nunca superior a 35m.

3.3. Estudos climáticos e hidrográficos.

Millet e Goiran, (2007) estabeleceram modelos numéricos de transposição da atualidade para a antiguidade. O modelo atual, adaptado ao atual porto oriental de Alexandria, apresenta bons resultados em comparação com as observações de campo disponíveis localmente, apesar de as medições terem sido efectuadas apenas em dois níveis (perto da superfície e perto do fundo), uma vez que as velocidades calculadas foram calculadas em média em toda a coluna de água.

El-Geziry e Maiyza, (2006) afirmaram que o volume do porto oriental de Alexandria é estabilizado por estes fluxos alternativos, o fundo para dentro e a superfície para fora, através das duas aberturas do porto.

Abdellah, (2006) referiu que as simulações da propagação das ondas no porto oriental utilizando o modelo CGWAVE durante uma tempestade NW mostraram que: fora do porto, as ondas têm uma altura máxima de cerca de 6,0 m, enquanto a altura das ondas no interior do porto oriental, exceto na zona perto das saídas de El-Boughaz e El-Silsila, é geralmente inferior a 3,0 m.

Mahmoud et al., (2005) referiram que uma boa mistura em El-Boughaz e na abertura de Silsla no porto oriental conduziu a um aumento da concentração de oxigénio dissolvido. Além disso, verificou-se que a parte oriental do porto é mais bem oxigenada do que a parte ocidental. Verifica-se um aumento notável do teor de Chl-a nas águas superficiais da parte oriental do porto. As actividades intensas dos barcos de pesca na parte ocidental do porto conduzem a um aumento da fertilidade da água (aumento dos sais nutrientes e das concentrações de ferro dissolvido). Além disso, conduz a uma variação notável dos valores de pH nesta parte do porto.

Aelbrecht et al. (1994) efectuaram simulações numéricas de agitação de ondas na vizinhança do local de escavação de Pharos, em Alexandria, devido às condições climáticas anuais das ondas. A presença de um corredor entre o muro de betão submerso e a fortaleza é favorável para minar o efeito das correntes fortes das ondas durante eventos extremos. Os actuais blocos de betão submersos podem, portanto, ser inúteis, na melhor das hipóteses, ou prejudiciais, na pior.

Lotfy e Badr, (1991) estabeleceram catorze perfis de praia que abrangem um período de 54 anos (1936-1990) e foram analisados para compreender o comportamento erosivo e de acreção, bem como o padrão de deriva de sedimentos no interior do porto oriental de Alexandria. O elevado valor de acreção a leste da área de erosão demonstrou que existe uma forte deriva de sedimentos para leste.

3.4. Estudos ambientais.

El-Geziry et al., (2007) assumiram que o porto oriental tem capacidade para recuperar o lado oriental; entretanto, o lado ocidental (de maiores actividades humanas) continua a sofrer de acumulação de areia (feita pelo homem; trazida do exterior).

Mostafa et al., (2004) estudaram as concentrações de metais pesados nos sedimentos de fundo superficiais do porto ocidental para avaliar os seus potenciais efeitos biológicos e identificar as suas possíveis fontes. Os resultados indicaram que as concentrações de metais nos sedimentos variavam muito consoante a localização. As concentrações de metais foram consideradas mais elevadas do que as registadas no estudo anterior.

MESAEP, (2003), Barbieri et al., (1999) e Loizodou et al., (1991) referiram que os ambientes aquáticos costeiros mediterrânicos são cada vez mais afectados por actividades antropogénicas que resultam na poluição dos sedimentos marinhos por poluentes persistentes.

Abdel Aziz, (1997) afirmou que o porto ocidental também pode estar sujeito a outros tipos diferentes de poluentes, ou seja, efluentes industriais, agrícolas e domésticos provenientes das seguintes fontes: Canal de El-Noubaria, Canal de El-Mahmoudia e estação de bombagem de El-Mex.

Chen et al., (1992), Stanley et al, (1992), Arbouille e Stanley, (1991), Coutellier e Stanley, (1987), El-Askary e Frihy, (1986), Coleman, (1982), Said, (1981) e Broussard, (1975) demonstraram que a maior parte das modificações da linha de costa do delta na costa norte do Egito ao longo do tempo foram induzidas por oscilações eustáticas do nível do mar e climáticas, subsidência (compactação, depressão isostática, neotectonismo) e processos de transporte de sedimentos.

El-Sayed, (1991b) afirmou que a previsão da alteração relativa do nível do mar em Alexandria, com base em registos arqueológicos e maregráficos, indica a subsidência da cidade a uma taxa de 1 a 2 mm/ano.

Stanley, (1990), Sharf El-Din et al., (1989), Emery et al., (1988), El-Sayed, (1988b) e Ibrahium, (1963) referiram que a data revela uma vasta gama de taxas de subsidência que variam entre 0,7 e 2,9 mm/ano. Estes valores baseiam-se em marégrafos, dados arqueológicos (e amostras de núcleos de radiocarbono).

El-Fishawi e Fanos, (1989) ilustraram que as observações do nível do mar em Alexandria (1958-1988) conduziram a uma subida relativa do nível do mar de 2,9 mm/ano.

Stanely, (1988) referiu que a resposta tectónica às falhas pode estar a causar uma rápida subsidência na parte nordeste do Delta.

Said e Maiyza, (1987) estudaram os onze emissários que descarregam esgotos não tratados no porto oriental. Estes resíduos afectam as caraterísticas hidrográficas da água do porto, em particular a salinidade e o oxigénio dissolvido.

De Casson, (1935) sugeriu que a neotecção e a sismicidade podem ter sido alguns dos factores que afectaram Alexandria. Por exemplo, os quatro grandes terramotos que abalaram Alexandria no século IV d.C.

4. MATERIAIS E MÉTODOS

4.1. Trabalho de campo

O Quester Tangent Corporation, o Hydrolab e um amostrador de garras Peterson em aço inoxidável são instrumentos pertencentes ao Instituto Nacional de Oceanografia e Pescas (NIOF), Alexandria, Egito.

4.1.1. Levantamento geofísico efectuado pela Quester Tangent Corporation (QTC)

A Quester Tangent Corporation foi construída com base nas mais recentes abordagens de processamento digital de sinais disponíveis. O QTC (um tipo de sonda de eco de feixe único) continua a desenvolver algoritmos e técnicas para a deteção remota do fundo do mar. O QTC VIEW Série V (QTCV) utilizado neste estudo inclui um sistema de aquisição de dados de alta velocidade para registar os traços de eco da sonda. O QTC VIEW Series V é um membro da família de produtos que inclui o QTC IMPACT para processamento de ecos. Quando utilizados em conjunto, estes produtos fornecem um pacote completo de recolha e análise de dados para a classificação acústica do fundo.

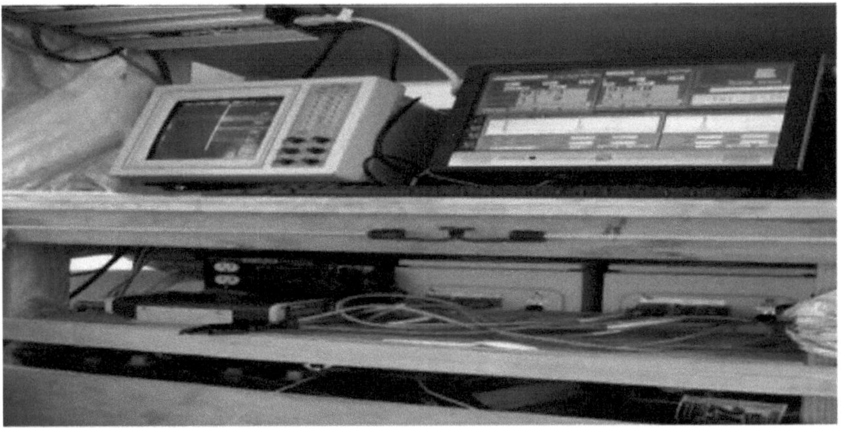

Figura 5. Os componentes do QTC.

4.1.1.1. Componentes QTC

1) Módulo de interface da sirene QTC Alimentação 12-36 VDC

2) PC robusto com software QTC VIEW Série V Placa analógica para digital de alta

velocidade Alimentação AC ou 12 VDC

3) Ecobatímetro 9-40 VDC de potência

4) Transdutor

Um impulso de energia acústica é emitido pelo transdutor da sonda de eco para o fundo do mar e o intervalo de tempo entre a transmissão e a receção do impulso refletido é medido com precisão. O QTC classifica diferentes tipos de fundos marinhos em unidades discretas com base nas caraterísticas das respostas acústicas geradas por uma sonda. A forma do sinal de eco é uma medida da energia acústica redireccionada para o transdutor da sonda de eco. Esta energia ou retrodifusão é influenciada pelas caraterísticas do fundo do mar e da subsuperfície imediata. Diferentes fundos marinhos geram respostas acústicas distintas quando insonificados.

A figura abaixo mostra dois fundos marinhos hipotéticos e os seus traços de eco associados. O sinal acústico de um fundo marinho liso, simples e lamacento absorve uma grande quantidade de energia e apresenta um baixo grau de retrodifusão. Isto resulta num traço de eco com um pico relativamente estreito e sem cauda. A energia reflectida por um fundo marinho rugoso, complicado e de cascalho apresenta um elevado grau de retrodifusão. A energia reflectida a partir de um fundo marinho de cascalho rugoso e complicado dura mais tempo; existem facetas duras separadas espacialmente do eixo do feixe que reflectem o som diretamente de volta para o transdutor. Isto resulta num traço de eco com um pico largo e uma cauda.

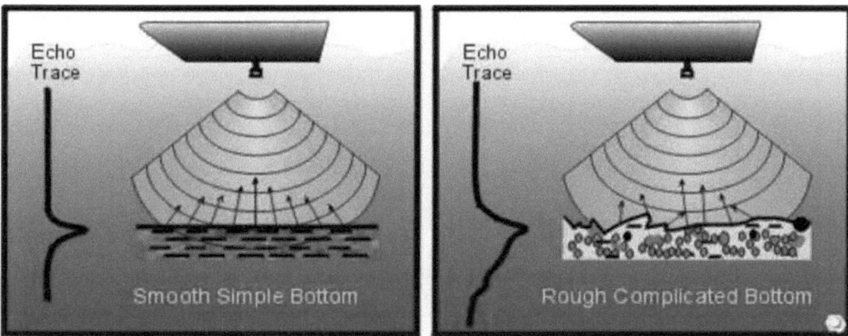

Figura 6. Fundos marinhos hipotéticos com os correspondentes traços de eco

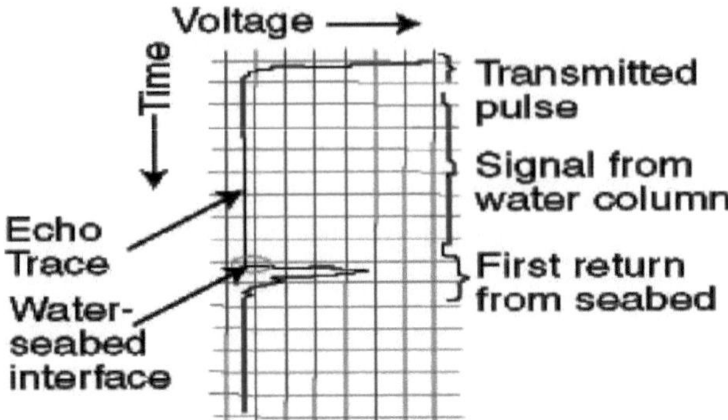

Figura 7. Anatomia de um traço de eco.

A forma do sinal é influenciada pelas caraterísticas do fundo marinho - propriedades físicas do material da superfície ou da subsuperfície imediata do fundo marinho. A resposta acústica representa um volume médio de material, cujo tamanho é uma função da largura do feixe do transdutor e da frequência do impulso transmitido.

As caraterísticas do fundo do mar que influenciam a resposta do sinal incluem:

- Propriedades sedimentares, incluindo a granulometria.
- Rugosidade do fundo marinho, por exemplo, formas de leito sedimentar e textura de afloramento rochoso.
- Organismos que vivem no fundo do mar.

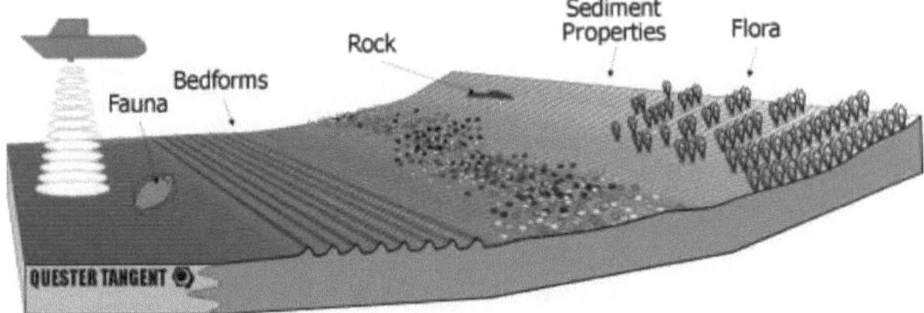

Figura 8. Caraterísticas típicas do fundo do mar que influenciam a resposta acústica.

4.1.1.2. QTC VIEW Funções

1) Captura e digitaliza o eco do fundo do mar a partir de um ecobatímetro convencional.
2) Análise de processos

3) Apresenta e regista os dados de uma forma de onda acústica que é utilizada para caraterizar o fundo do mar

O QTC VIEW Série V, Versão 2.10 é a mais recente evolução dos produtos QTC VIEW e foi especificamente concebido para aumentar a facilidade de utilização e melhorar a precisão em ambientes difíceis, tais como águas pouco profundas. O QTC VIEW Série V, Versão 2.10 foi concebido para funcionar em profundidades de 0,5 a 2000 metros. O QTC View é ligado paralelamente a uma sonda de eco entre o transdutor e a sonda. O processo envolve a digitalização de cada traço. A descrição da forma do eco é seguida de uma classificação baseada num conjunto de dados calibrados.

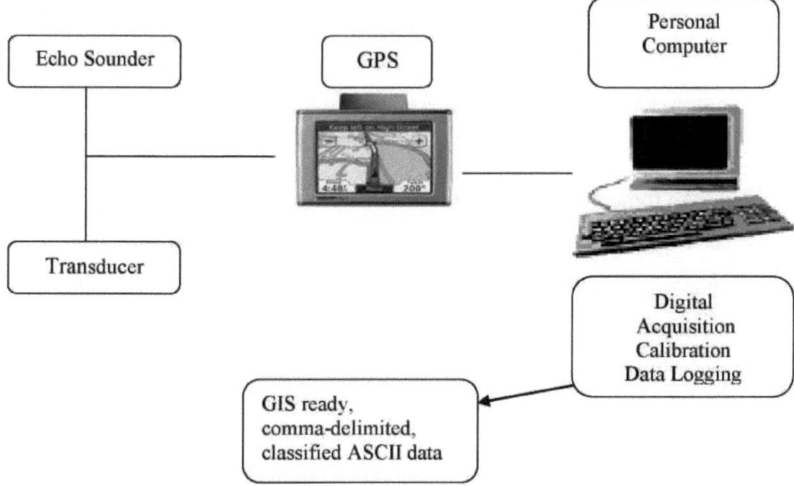

Figura 9. Configuração do sistema QTC

A nova versão do QTC VIEW versão 2.10 tem:

1) A capacidade de adquirir e registar dados GPS ao mesmo tempo que os dados do sonar.

2) Uma profundidade máxima de até 2000 metros.

3) Um controlo de ganho automático que permite desvios de ganho negativos.

4) Uma profundidade mínima configurável que reduz o tamanho dos dados para levantamentos em águas mais profundas.

5) Formatos de ficheiros de dados e de registo melhorados, permitindo o reprocessamento de dados de sinais em bruto no QTC IMPACT.

6) Um algoritmo de filtragem digital melhorado.

7) Um melhor desempenho em tempo de execução.

8) Garantia de qualidade dos dados, uma vez que os dados são apresentados em 3-D, proporcionando uma visualização melhorada para interpretação, garantia de qualidade e avaliação de catálogos. A cada registo é atribuído um nível de confiança, indicando a sua adequação ao esquema de classificação predefinido, melhorando assim a avaliação da precisão da classificação.

O software QTC VIEW implementa o controlo automático de ganho (AGC) para compensar outros factores, para além da absorção e espalhamento, que afectam a amplitude do eco. Por exemplo, à medida que o tipo de fundo muda, a amplitude do eco alterar-se-á. A determinação da profundidade é geralmente bastante fiável, desde que a amplitude do eco seja suficientemente maior do que o ruído de fundo. Várias condições podem, no entanto, afetar a relação sinal/ruído do eco:

1) Ruído externo - As fontes de ruído externas ao sistema QTC VIEW, tais como o ruído do motor, a conversa cruzada de outros ecobatímetros ou o ruído acústico ambiente, podem ser emitidas como um nível de sinal elevado a partir do módulo de interface do sonorizador se não forem tomadas precauções para isolar o sistema dessas fontes de ruído.

2) Condições do mar - Em grandes ondulações, a inclinação e a rotação da embarcação podem fazer com que a amplitude do eco aumente e diminua com cada ondulação. Dependendo da largura do feixe do transdutor e do tamanho das ondulações, as amplitudes do eco podem, por vezes, descer até zero.

3) Profundidade da água - À medida que a profundidade da água aumenta, o ganho instantâneo aplicado pelo módulo de interface da sonda no momento do retorno do eco aumenta. Como resultado, o nível de ruído emitido pelo módulo de interface da sonda aumenta. À medida que o ganho se aproxima de 70 dB ou mais, o nível de ruído começa a dominar o sinal.

4.1.2. Instrumento Hydrolab para medição dos parâmetros da água

O Hydrolab (fig.10) mede muitos parâmetros, tais como:

1) Temperatura.

2) Profundidade.

3) Salinidade.

Figura 10. Hydrolab num estudo de campo.

4.1.3. Amostragem

Foram recolhidas amostras de sedimentos à superfície e do núcleo nas áreas de estudo. Para a amostra de superfície, foi utilizado um amostrador de agarrar Peterson em aço inoxidável (fig.11), enquanto a amostra do núcleo foi recolhida pessoalmente pelo investigador (fig.12). A localização foi determinada utilizando um DGPS; os locais foram escolhidos de modo a cobrir todas as áreas de estudo para identificar as unidades do fundo marinho.

Figura 11. O amostrador de garras.

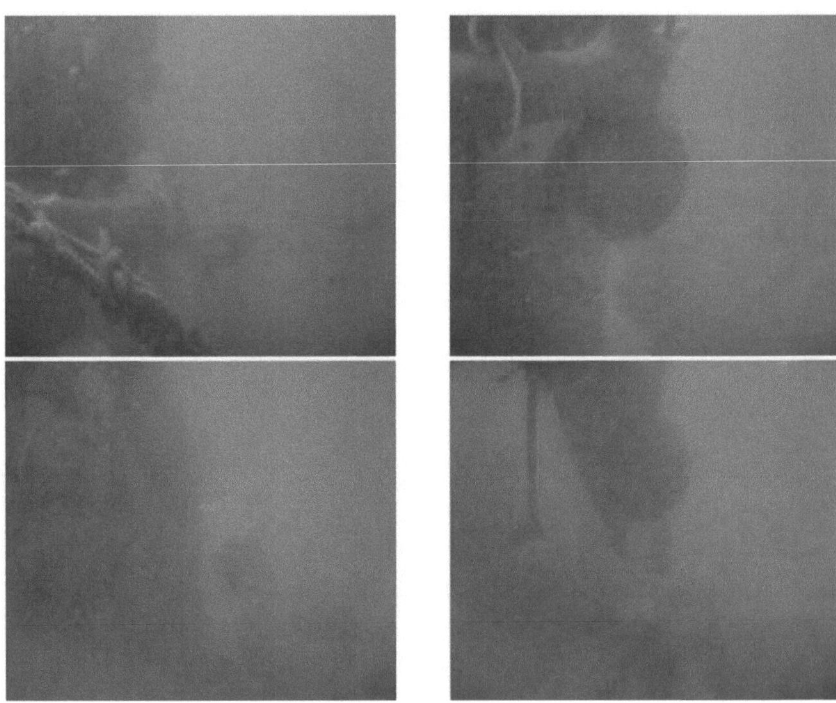

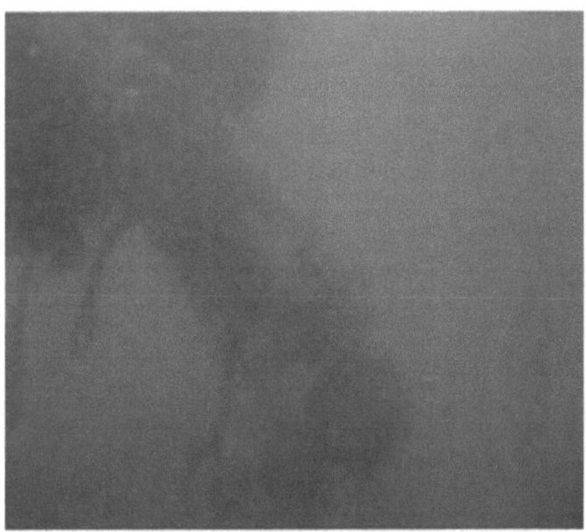

Figura 12. As etapas da recolha de amostras do núcleo (pelo investigador).

As amostras foram mantidas numa caixa de gelo a 4°C, no laboratório; as amostras foram armazenadas congeladas até à análise. No laboratório, as amostras foram secas ao sol durante diferentes períodos de tempo até estarem suficientemente secas para serem manuseadas e estarem prontas para as diferentes análises.

4.1.4. Imagens de vídeo e observações efectuadas por mergulhadores

Os dados de vídeo foram adquiridos com uma câmara Sony TRV 900 numa caixa subaquática.

4.2. Trabalho de laboratório

4.2.1. Preparação das amostras

No laboratório, cada amostra foi espalhada sobre uma folha de vidro e deixada a secar ao ar. A amostra seca ao ar foi desagregada com o dedo e dividida em quatro quartos (utilizando a técnica do cone e do quarto) para obter porções bem representativas da amostra (fig.13). As amostras divididas em quatro quartos foram lavadas várias vezes com água destilada e examinadas com nitrato de prata para garantir a obtenção de amostras isentas de sal, sendo depois secas durante a noite a 105 °C. Por fim, todas as amostras foram guardadas em recipientes limpos e rotulados com rolha de poço seco, prontos para várias análises.

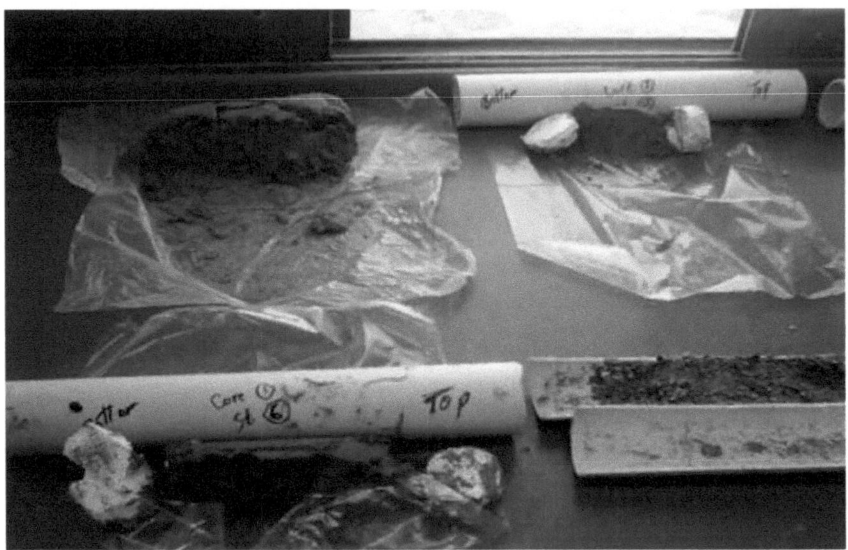

Figura 13. Preparação das amostras.

4.2.2. Análise granulométrica

Este tipo de análise foi efectuado nos laboratórios do Instituto Nacional de Oceanografia e Pescas. Cerca de 15-25g de amostras secas foram recolhidas para análise mecânica. As amostras foram submetidas à técnica combinada de peneiração a seco e análise com pipeta de acordo com o método descrito por (Folk, 1974). O procedimento envolveu a peptização de uma porção pesada da amostra de sedimentos utilizando oxalato de sódio 0,01N e a desagregação dos grumos de argila com os dedos, seguida de peneiração através de um crivo de malha de 4 phi (63μ) para separar a areia do lodo e das argilas. As fracções retidas no peneiro foram lavadas, secas e peneiradas; num agitador elétrico durante 15 minutos. As peneiras foram dispostas de cima para baixo numa ordem phi como se segue: -2,-1, 0, 1,2,3,4 0, o que corresponde a 4, 2, 1, 0,5, 0,25, 0,125 e 0,063mm respetivamente (fig.14). As medidas gráficas foram empregues para os resultados da análise granulométrica utilizando a notação phi, em que 0 = - log x (x = valor dado em mm) (tabela 1). As percentagens acumuladas foram representadas num papel de probabilidades em função do intervalo de granulometria (0). Os valores 0 16, 50 e 0 84 foram diretamente interpolados a partir das curvas cumulativas. O tamanho médio foi avaliado de acordo com (Folk, 1974).

Tabela 1. Tamanho da média gráfica e seus significados.

Valor médio	Significado
-1,0 a 0,0 0	Areia muito grossa
0,0 a 1, 00	Areia grossa
1,0 a 2, 00	Areia média
2,0 a 3, 00	Areia fina
3,0 a 4, 00	Areia muito fina
4,0 a 5, 00	Silte grosseiro
5,0 a 6, 00	Silte médio
6,0 a 7, 00	Silte fino
7,0 a 8, 00	Silte muito fino
8,0 a 14,0 0	argila

Foram também calculadas as percentagens de areia, silte e argila.

Figura 14. Etapas da análise granulométrica.

4.2.3. Análise petrofísica

Durante a última década, o esforço dos geofísicos marinhos tem sido direcionado para uma melhor compreensão das propriedades geofísicas dos sedimentos do fundo do mar. De notar que este tipo de análise tem sido efectuado na Universidade de Alexandria, Faculdade de Ciências, Departamento de Física, Laboratório de Geofísica, no âmbito da cooperação entre a Universidade de Alexandria e o Instituto Nacional de Oceanografia e Pescas.

4.2.3.1. Densidade dos grãos

A densidade dos grãos é definida como a relação entre o peso dos constituintes sólidos da amostra e o seu volume. A densidade foi medida segundo o método descrito por El- Abd, 1985. Verte-se suavemente um volume da amostra seca sem sal para um frasco graduado (cilindro) contendo um volume de água destilada. Wg e Vg são o peso e o volume dos grãos sólidos da amostra. A exatidão das medições volumétricas foi determinada medindo a densidade de grãos de chumbo puro (esferas) com 0,2 mm de diâmetro. Verificou-se que o erro nas medições volumétricas é da ordem dos 4% (El-Abd, 1985).

4.2.3.2. Medições de resistividade eléctrica

A resistividade eléctrica das amostras foi medida utilizando o método descrito por El-Abd, 1985. Um medidor de condutividade modelo JEN-WAY 4010 com compensação automática de temperatura à temperatura ambiente de 25°C e frequência de excitação de 1 KHZ foi utilizado para medir a condutividade eléctrica da água do mar (cw) e da amostra húmida (cs) no laboratório. As medições de condutividade podem ser efectuadas com uma precisão de ±5%. A célula de sedimentos utilizada nas medições foi um paralelepípedo retangular de vidro Perspex de volume interior 3*3*9 cm^3 com eléctrodos de placa de cobre quadrados em cada extremidade diretamente ligados ao medidor de condutividade. A resistividade da água do mar ρw e da amostra húmida ρs pode ser expressa em (ohm.m ou ohm.cm) em termos de condutividade Cw da água do mar, condutividade Cs dos sedimentos húmidos, comprimento da célula (L) e área da secção transversal do elétrodo (A) como

$$\rho_s = R_s \frac{A}{L} = \frac{1}{Cs} \cdot \frac{A}{L} \qquad (1)$$

$$\rho_w = R_w \frac{A}{L} = \frac{1}{C_w} \cdot \frac{A}{L} \qquad (2)$$

Respetivamente onde:

$$\frac{A}{L} = \frac{3.5}{3.5} = 1 \quad \text{for cell} \qquad (3)$$

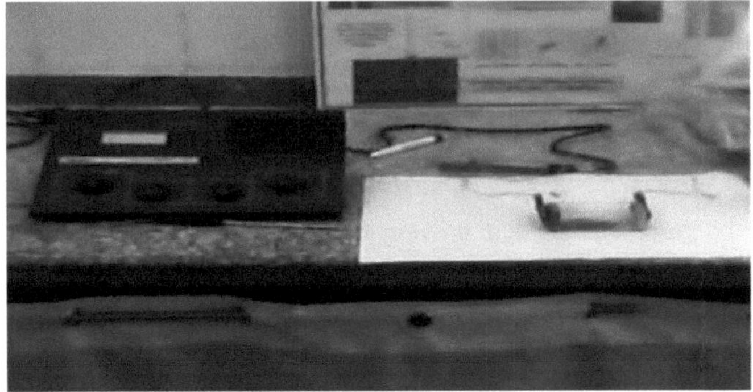

Figura 15. O aparelho de resistividade eléctrica.

O fator de formação da resistividade eléctrica (F.F.) pode ser expresso da seguinte forma

$$F.F. = \frac{\rho_s}{\rho_w} = \frac{C_w}{C_s} \qquad (4)$$

O fator de formação é definido como o rácio entre as resistividades eléctricas da amostra de sedimento saturado e da água do mar. O fator de formação está mais relacionado com a porosidade, a granulometria e outros parâmetros hidrogeofísicos do sedimento do que com a resistividade eléctrica. Nos cálculos de inter-relações, é mais adequado utilizar o fator de formação da resistividade eléctrica.

A célula foi primeiro enchida com água do mar e determinou-se (C_w). A amostra de sedimento seco foi suavemente vertida na célula com agitação vertical contínua até a célula estar completamente cheia. Foram medidos Cw e Cs. O Cw foi sempre medido imediatamente antes da utilização da água do mar em cada medição; por conseguinte, não foi necessária qualquer correção de temperatura, uma vez que as medições relativas de Cw/Cs foram efectuadas praticamente à mesma temperatura laboratorial de 25°C (El-Abd, 1985).

4.2.3.3. Permeabilidade

É a medida da capacidade da rocha para transmitir fluidos.

Lei de Darcy:

$$V = \frac{K}{\mu} \frac{dP}{dl} \qquad (5)$$

Onde:

V a velocidade do escoamento observada (cm/seg.)

μ a viscosidade do fluido (para a água = 1)

dP a queda de pressão no sistema (atm)

dl o comprimento do sistema (cm)

K a constante de proporcionalidade do caudal

Para sistemas lineares:

$$V = 1.126\, K \frac{dP}{\mu l} \qquad (6)$$

$$\text{Where } V = \frac{Q}{A} \qquad (7)$$

$$Q = \frac{1.126\, KA(P1-P2)}{\mu L} \qquad (8)$$

K a permeabilidade (milidarcy)

μ a viscosidade do fluido (para a água = 1)

A a área da secção transversal da sonda (cm2)

Ltcomprimento do fluxo (cm)

P1a pressão a montante (Atm)

P2a pressão a jusante (Atm)

Qo caudal volumétrico da água (cm3/seg.)

Figura 16. O aparelho de permeabilidade.

Para satisfazer esta lei para qualquer sistema particular, existem algumas condições:

Todo o espaço rochoso deve ser preenchido com fluido, ou seja, a saturação deve ser de 100%. O fluido deve ser do tipo newtoniano, ou seja, a viscosidade é independente do caudal. O escoamento deve ser viscoso ou laminar e também é necessário notar que a velocidade de escoamento "V" é apenas uma velocidade aparente.

Deixe a água passar para a coluna de areia e detecte P1 e P2 no momento em que armazenou o volume de água adequado. Fixe a pressão de fluxo e obtenha o caudal de água no copo durante o tempo adequado.

4.2.3.4. Determinação da Constância Dieléctrica utilizando um oscilador de cristal

O cristal vibratório actua como uma fonte de radiofrequência de cerca de mega ciclos/seg. O sinal de saída, quando fornecido ao circuito do tanque (um simples circuito de ressonância paralelo), começará a oscilar apenas num determinado valor de capacidade chamado capacidade de ressonância Co, no qual a corrente da placa cairá ao mínimo, o que é uma indicação desse tipo de ressonância.

Figura 17. O aparelho de constante dieléctrica.

O circuito do reservatório contém uma bobina e um condensador variável de capacidade Co. liga-se à tensão de placa, que não deve exceder 120 volts, para ser mantida a um valor constante e toma-se o condensador variável e regista-se a corrente de placa correspondente. Este passo é repetido várias vezes. Traçar uma curva entre os valores da variável condensador Co e a corrente. Obtém-se a curva n.º 1 e regista-se o valor da capacidade de ressonância Co mais baixo. O condensador de solo é então introduzido (condensador cheio com a amostra). O condensador variável Co é então alterado em valores e os valores correspondentes da corrente são então registados. Desenha-se a curva n.º 2, na qual a capacidade de ressonância parece situar-se em C 1. O condensador é então esvaziado do solo "contém ar em vez da amostra". Faz-se variar a corrente variando os valores da variável Co do condensador e traça-se a curva n.º 3, obtendo-se C2.

A capacidade do condensador que contém ar

$$\mathbf{C\ air = Co - C2} \qquad \mathbf{(9)}$$

& capacidade do condensador que contém a amostra

$$\mathbf{C\ s = Co - C1} \qquad \mathbf{(10)}$$

Constante dieléctrica da amostra

$$\mathbf{K = \frac{Capacity\ of\ condenser\ contains\ sample}{Capacity\ of\ condenser\ contains\ air}} \qquad \mathbf{(11)}$$

$$K = \frac{Co - C1}{Co - C2} = \frac{C\,s}{C\,air} \qquad (12)$$

É traçada uma curva de calibração "n.º 4" que mostra a relação entre a leitura na escala e os valores reais da capacidade.

4.3. Trabalho de escritório

1) Os dados obtidos no levantamento geofísico, no hidrolábio, nas propriedades físicas e no trabalho de laboratório foram submetidos a processamento, correlação, interpretação e plotagem pelo surfer 9 (programa de mapeamento).

2) Os dados obtidos com o QTC VIEW foram processados pelo software QTC IMPACT.

4.3.1. IMPACTO QTC

O QTC IMPACT™ é um conjunto de ferramentas de processamento e classificação de mapeamento integrado para processamento de ecos. O pacote IMPACT fornece ferramentas para ler dados de eco de sonar a partir de uma variedade de fontes, efetuar garantia de qualidade, análise e classificação. O IMPACT processa traços de eco gravados digitalmente ou caraterísticas de eco QTC VIEW™ para extrair informações sobre a natureza dos substratos do mar, lago ou rio. O IMPACT permite a geração de mapas de tipo de fundo a partir de dados de ecobatímetro.

A abordagem QTC envolve o processamento digital do sinal do primeiro eco de retorno. O QTC demonstrou que o primeiro eco contém todas as informações necessárias para a classificação sem o risco de degradação por factores como a velocidade do navio e o estado do mar.

4.3.1.1. Vantagens do programa de impacto QTC

1. Não é necessária uma calibração prévia.

2. Aumento da confiança nos resultados da classificação.

3. As classes acústicas são agrupadas e podem ser associadas a tipos específicos de fundos marinhos.

4. Técnicas estatísticas avançadas determinaram a variabilidade dos tipos de fundos marinhos estudados.

O fluxo de processamento segue a abordagem QTC para a classificação do fundo marinho: análise da forma de onda (quando existem dados de traços de eco), geração e validação de FFV (dados brutos de sonar e navegação), agrupamento/catalogação e classificação.

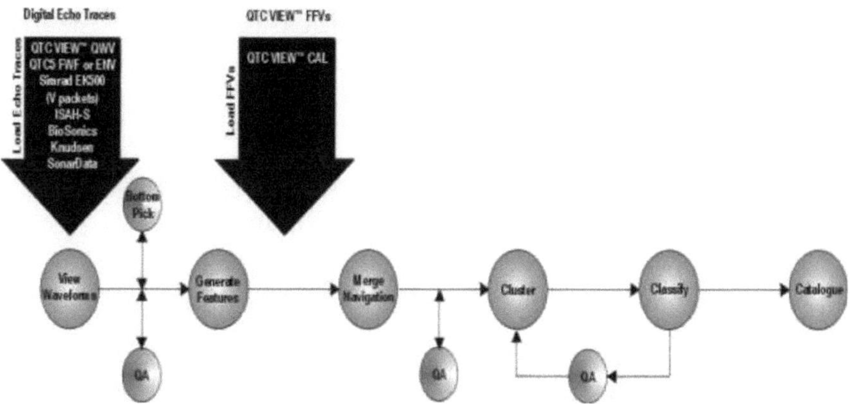

Figura 18. Fluxo do processo IMPACT.

4.3.1.2. Fluxo do processo QTC IMPACT

O texto seguinte explica todas as etapas do fluxo do processo IMPACT.

4.3.1.2.1. Carregar dados de rastreio de eco

Os dados de traçado de eco são normalmente marcados com a hora durante a aquisição, exceto no caso dos dados QTC VIEW™ QWV, que se destinam apenas a utilização de diagnóstico. Os dados de navegação contêm campos de tempo GPS. Estes dados são analisados em bases de dados de sonar e de navegação, respetivamente, e os seus carimbos de data/hora são utilizados para relacionar registos individuais de sonar e de navegação.

4.3.1.2.2. Ver formas de onda

As tarefas de visualização e condicionamento de formas de onda incluem o controlo de qualidade e a seleção do fundo. O controlo de qualidade é efectuado através da identificação de traços que não são adequados para classificação. A seleção do fundo é particularmente importante, uma vez que define a interface fundo do mar/coluna de água, bem como a janela de referência para a descrição do eco. O controlo de qualidade é efectuado através da definição dos parâmetros para uma recolha precisa e da revisão dos resultados.

4.3.1.2.3. Gerar caraterísticas

Os FFVs são gerados a partir dos traços de eco originais com base na técnica de classificação acústica do fundo do mar do QTC. Se forem carregados ficheiros QTC VIEW *.CAL e *.FFV, estes já são FFVs. A partir deste ponto, todos os traços de eco digitais ou FFVs do QTC VIEW™ são processados de forma semelhante.

4.3.1.2.4. Carregar QTC VIEW™ Vetor de caraterísticas completo (FFVs)

Os FFVs do QTC VIEW™, recolhidos como ficheiros *.CAL e *.FFV, não incluem carimbos de data/hora. Os carimbos de tempo são atribuídos a cada registo FFV com base na sequência de registos FFV e GPS no ficheiro CAL e nos campos de tempo nesses registos GPS. Os registos FFV dos ficheiros *.CAL e *.FFV são verificados quanto a erros e armazenados na base de dados do sonar. Os registos GPS são armazenados na base de dados de navegação.

4.3.1.2.5. Mesclar navegação

Os dados de navegação são combinados com os dados FFV, atribuindo uma posição de ajuste polinomial a cada registo FFV com base no tempo. O FFV Trackplot Editor deve ser utilizado para validar os resultados da navegação de fusão.

4.3.1.2.6. Controlo de qualidade

O controlo de qualidade envolve a identificação e a marcação de dados de má qualidade para que não sejam utilizados no processamento posterior. Os dados de má qualidade podem ser assinalados como filtrados ou rejeitados. A distinção serve apenas para indicar o método utilizado para assinalar os dados. O objetivo é passar apenas dados de boa qualidade para processamento posterior. O filtro FFV dá acesso a vários filtros para a filtragem FFV. A filtragem FFV é útil para a edição em lote; por exemplo, todos os dados mais superficiais ou mais profundos do que uma determinada profundidade. O FFV Editor (Editor FFV) fornece editores gráficos de trackplot e batimetria para validação e rejeição interactiva dos dados FFV pelo utilizador. A ferramenta FFV Editor é útil para a edição fina e a verificação visual.

4.3.1.2.7. Catalogação

Um catálogo contém as informações necessárias para a classificação de eco. Se for evidente durante a análise de clusters que é necessário aplicar mais Garantia de Qualidade (QA) aos FFVs, então deverá ser efectuada a iteração através dos editores gráficos dos FFVs. Deve ser gerado um novo catálogo sempre que for aplicada uma alteração aos dados FFV.

4.3.1.2.8. Análise de clusters

Quando Ql, Q2 e Q3 de cada registo são representados no Q-Space, os fundos marinhos acusticamente semelhantes formam grupos. As ferramentas de análise de agrupamentos do IMPACT identificam vários agrupamentos de dados e rotulam-nos como classes. Todos os dados que se enquadrem na parte do Q-Space identificada com uma classe ser-lhes-á atribuída essa identificação de classe específica. Os valores de confiança e de probabilidade fornecem informações úteis sobre a diversidade ou homogeneidade do conjunto de dados.

4.3.1.2.9. Classificação

O processamento, catalogação e análise de clusters do FFV produzem um catálogo final para a classificação de todos os dados do inquérito. O catálogo deve identificar a diversidade acústica numa população de ecos que está a ser processada. Uma vez criado um catálogo, este pode ser utilizado para classificar quaisquer dados adquiridos a partir do mesmo ecobatímetro utilizando os mesmos parâmetros do ecobatímetro.

4.3.1.2.10. Limitações

Uma classificação bem sucedida depende de uma descrição muito exacta da forma do eco. O elemento decisivo é distinguir um eco de outro; o software não tenta associar o sinal de eco diretamente com as caraterísticas físicas do alvo. Qualquer alteração dos parâmetros do sinal transmitido pelo ecobatímetro, nomeadamente a duração do impulso, altera a forma do eco e dá origem a classificações erráticas. Se tudo se mantiver constante, uma alteração da forma do eco será função de uma alteração do fundo marinho.

5. INQUÉRITO DE CAMPO

5.1. Plano de topografia

O planeamento e a preparação cuidadosos são essenciais para qualquer operação de levantamento sísmico. As considerações exigidas para o levantamento estão a enfatizar ainda mais a importância desta fase da operação. Além disso, a flexibilidade do plano é desejável para permitir atrasos devidos a condições meteorológicas, avarias de equipamento e afins, de modo a permitir acções corretivas imediatas (Kavanagh e Glenn, 1996).

5.2. Método

Dois sítios foram cartografados com o mesmo sistema QTCV operando na mesma frequência (50 kHz) e classificados com o software QTC IMPACT, utilizando o mesmo procedimento geral. Em primeiro lugar, foi efectuado um levantamento acústico. Em segundo lugar, os dados acústicos foram agrupados em grupos com base na forma do eco. Em terceiro lugar, cada um dos grupos foi etiquetado. Em quarto lugar, a classificação foi avaliada em relação aos dados reais. Os pormenores de cada uma destas etapas são descritos nas quatro secções seguintes.

5.2.1. Aquisição e classificação acústica

Um sistema de classificação acústica do fundo marinho (ASC) de feixe único produzido pelo (QTC) foi utilizado para cartografar as duas áreas de estudo. A aquisição de dados foi efectuada com o software e o hardware (QTCV) (versão 2.1). O processamento dos dados foi efectuado com o software QTC IMPACT (versão 3.4). Aquisição de dados com o QTCV: Foram utilizadas embarcações pequenas e abertas (5 metros de comprimento) para efetuar os levantamentos acústicos. O sistema foi facilmente montado em diferentes embarcações, utilizando uma vara de alumínio fixada à amurada da embarcação para suportar o transdutor. O DGPS foi montado com a sua antena diretamente sobre o transdutor acústico e permitiu o posicionamento da embarcação. O mesmo QTCV foi utilizado para todos os levantamentos.

O primeiro local investigado foi no porto oriental. A pesquisa foi realizada em 28-29 de outubro de 2009. A profundidade variou de 3 a 12 m e a temperatura média da água no dia do levantamento foi de 25,41 C°. Consistiu em 23 secções (norte-sul) e 17 secções (leste-oeste) com espaço padrão entre as linhas de pesquisa. O segundo sítio estava localizado no porto ocidental. O estudo foi efectuado no porto ocidental nos dias 10 e 11 de dezembro de

2009. A área estudada tinha uma profundidade que variava de cerca de 1,5 a cerca de 14,5 m com temperatura média da água no dia do estudo de 25 C°.

Quadro 2: Caraterísticas e definições do sistema QTCV utilizado no presente inquérito.

Parâmetro	Valor
Modelo da sirene	Suzuki 2025
Frequência	50 kHz
Potência	500 W
Comprimento do impulso de eco	0,3 ms
Taxa de ping registada	1,5 Hz (aproximadamente)
Modelo do transdutor	Suzuki TGN60-50B-12L
Largura do feixe (via transversal)	42 graus
Largura do feixe (ao longo da via)	16 graus

Durante a primeira etapa de processamento, a fase de aquisição de dados, o sinal gerado por um ecobatímetro passa para um amplificador de cabeça que aplica um ganho variável no tempo, para compensar o espalhamento do feixe e a profundidade da água, e um controlo automático do ganho, para compensar a reflectância variável do fundo. Os ecos individuais foram então digitalizados (de analógico para digital) e registados por um computador. No segundo passo de processamento, a fase de redução de dados, as formas de onda bipolares em bruto foram convertidas em "envelopes" de eco (essencialmente apenas a amplitude do eco). Os envelopes de eco foram empilhados (calculados em média) em grupos. Os ecos empilhados são caracterizados por uma série de algoritmos que respondem a caraterísticas da forma do eco. O conjunto de caraterísticas foi reduzido utilizando a análise de componentes principais (PCA) para os três primeiros componentes principais. O resultado final foi que cada eco empilhado foi representado por um único ponto em três dimensões ("Q-space"; QTC, 2004). A forma do eco empilhado determinou as coordenadas deste ponto.

Na terceira etapa de processamento, a fase de agrupamento, a "nuvem" de pontos no espaço Q foi dividida em grupos utilizando um procedimento de agrupamento por recozimento simulado (Preston et al., 2004a). As descrições estatísticas (média, covariância) destes clusters constituem um "catálogo" (QTC, 2002). Finalmente, na fase de classificação, o catálogo foi utilizado para atribuir uma classe a todos os pontos de um conjunto de dados. O catálogo pode ser aplicado aos dados originais utilizados para criar o catálogo (via clustering) ou pode ser aplicado a outro conjunto de dados adquiridos com a mesma configuração de hardware. As quatro etapas de aquisição, redução, agrupamento e classificação são fundamentais para o procedimento de processamento do IMPACT. O software Surfer (Golden Software, 2007) foi utilizado para visualizar os dados QTCV processados. Foram geradas grelhas batimétricas com células de 10 m a partir da profundidade registada para cada eco, utilizando o algoritmo de curvatura mínima (Smith e Wessel, 1990). As grelhas foram utilizadas, em primeiro lugar, para gerar uma vista tridimensional (3-D) de cada área de estudo e, em segundo lugar, para calcular a inclinação do fundo do mar. Os ecos classificados foram colocados sobre as vistas 3-D

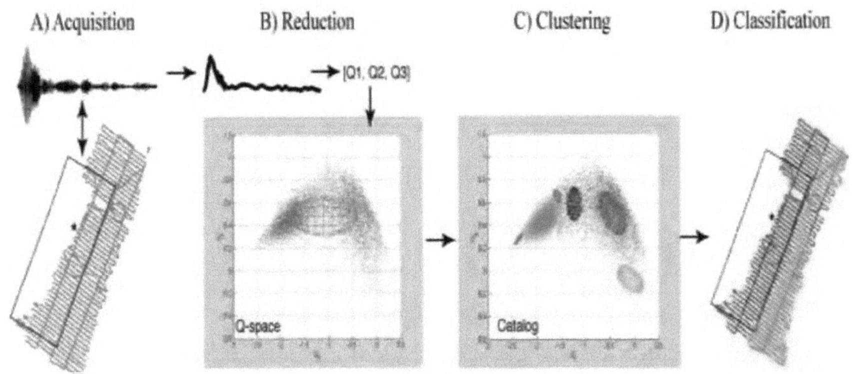

Figura 19. Vista geral do processamento acústico. A) A forma de onda completa para cada ponto foi adquirida, georreferenciada e registada. B) Cada eco foi convertido em três coordenadas no "espaço Q" com base na forma do "envelope" do eco (amplitude do eco). C) O espaço Q foi dividido em grupos distintos definidos pelas suas médias e covariâncias. D) A cada ponto foi atribuída uma classe com base na sua localização no espaço Q.

5.2.2. Identificação de classes acústicas

A rotina de agrupamento automático do IMPACT divide um conjunto de dados em grupos distintos com base na forma do eco, mas, como qualquer rotina de classificação não supervisionada, não pode dar a esses grupos nomes descritivos (por exemplo, recife, entulho, ervas marinhas, etc.). Por conseguinte, os clusters produzidos pelo IMPACT devem ser identificados por referência a outras fontes de dados. A etiquetagem dos clusters para estes inquéritos foi feita por comparação com notas tiradas durante a prática de snorkeling ou mergulho à deriva e medições do tamanho dos grãos de sedimentos.

5.2.2.1. Inquérito aos mergulhadores

Foram realizados dez mergulhos no porto oriental durante o mês de novembro de 2009 para obter a "verdade terrestre" para as medições acústicas. Os locais dos mergulhos foram escolhidos com base nos mapas de classificação do fundo do mar e da variabilidade acústica. Os locais foram escolhidos de forma a garantir que vários mergulhos fossem efectuados em 1) áreas homogéneas dentro de cada classe acústica e 2) áreas de alta e baixa variabilidade acústica. Em cada local, foram efectuados dois mergulhos num círculo com 5 m de raio. A média dos resultados dos dois mergulhos foi calculada para produzir um único conjunto de valores para cada local de mergulho. Os mergulhadores recolheram dados que foram comparados com as classes acústicas. Não foi efectuado qualquer estudo com mergulhadores no porto ocidental devido à presença de riscos de segurança.

5.2.3. Comparação das classes acústicas e dos inquéritos dos mergulhadores

Os resultados dos estudos acústicos e de mergulho foram comparados para avaliar a exatidão da classificação acústica. A estratégia geral consistiu em comparar um parâmetro estimado pelo mergulhador com a classe acústica mais próxima.

5.2.4. Avaliação da exatidão da classificação acústica

Uma vez etiquetados os clusters acústicos, estes foram comparados quantitativamente com a "verdade terrestre". Foram recolhidos três tipos de dados para avaliar a exatidão da classificação acústica: imagens de vídeo, observações de mergulhadores e medições do tamanho dos grãos.

6. RESULTADO

6.1. Estudo acústico

O agrupamento dos dados do levantamento acústico discriminou cinco classes acústicas no porto ocidental e seis classes acústicas no porto oriental. As duas classes maiores (2, 3) compreendiam a maioria dos ecos no porto ocidental e também (2, 3) classes acústicas no porto oriental (mapas 17 e 18). As classes menores (1, 4 e 5) no porto ocidental e (1, 4, 5 e 6) no porto oriental. As classes acústicas estavam muito dispersas pelas áreas de estudo. Devido ao tempo de mergulho disponível, os locais escolhidos para a verdade terrestre centraram-se em todas as classes do porto oriental. Não foi efectuado qualquer mergulho no porto ocidental devido à necessidade de autorizações de mergulho e aos riscos presentes devido ao transporte marítimo, navegação e transporte. Foram efectuadas poucas linhas de pesquisa devido à presença de áreas militares. No entanto, o resultado do levantamento acústico foi o estabelecimento de dois mapas batimétricos para os portos ocidental e oriental. A inclinação aumenta gradualmente até à abertura de El-Boughaz nos portos ocidental e oriental (mapas 3, 4 e 5).

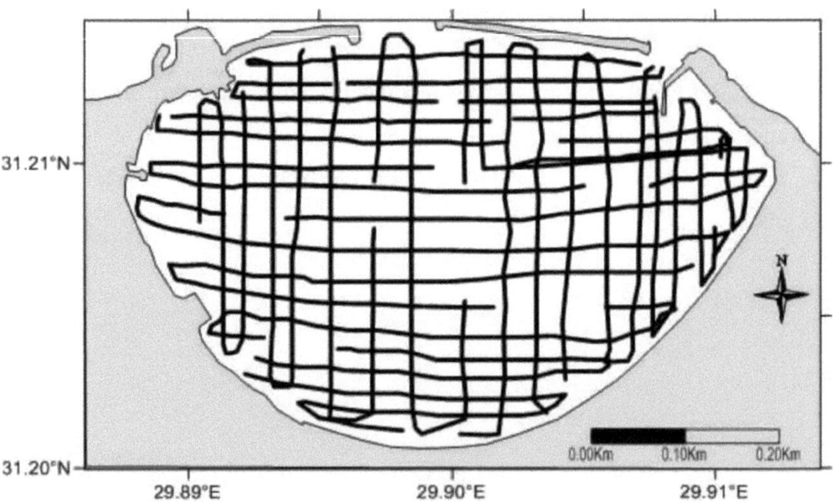

Mapa 1. As linhas de levantamento acústico para o porto oriental, 23 secções (norte-sul) e 17 secções (leste-oeste); Mapa de origem: Google earth; Datum map: WGS84; Mapa de escala na latitude 31.20°N.

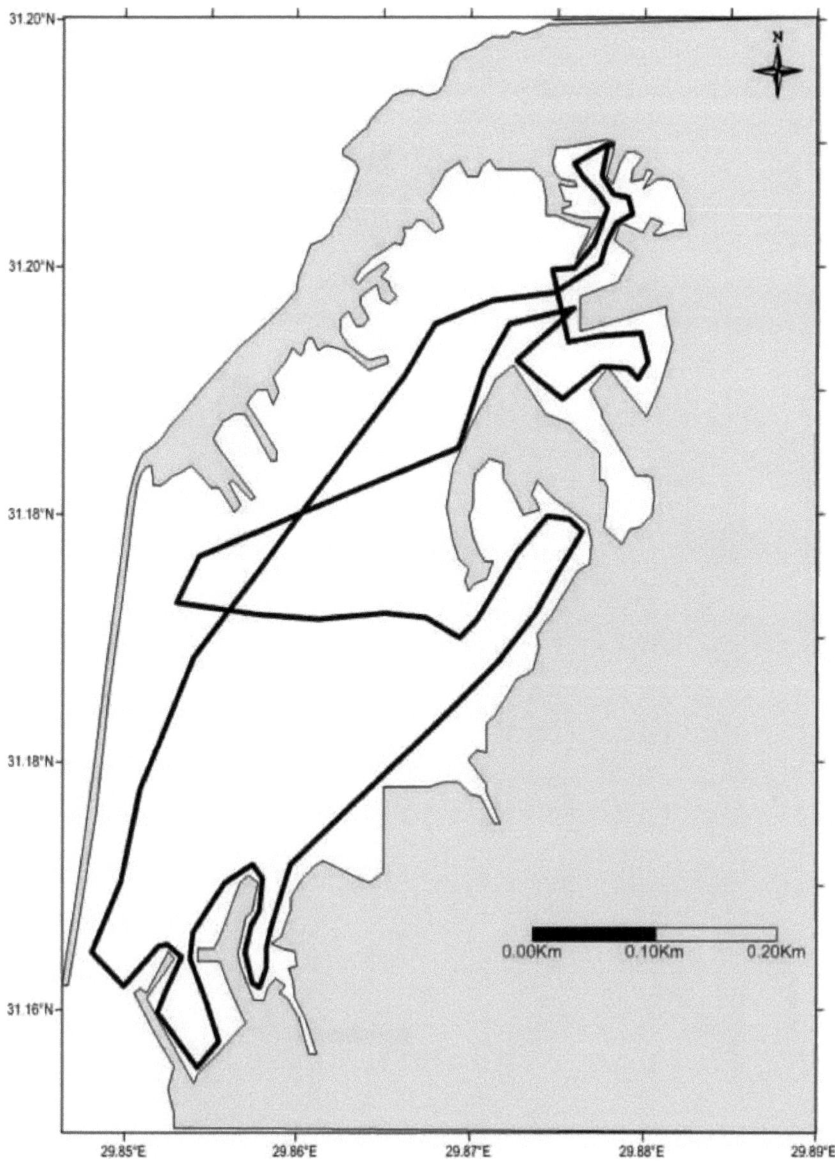

Mapa 2. A linha de levantamento acústico para o porto ocidental, Mapa de origem: Google earth; Datum map: WGS84; Mapa de escala na latitude 31.18°N.

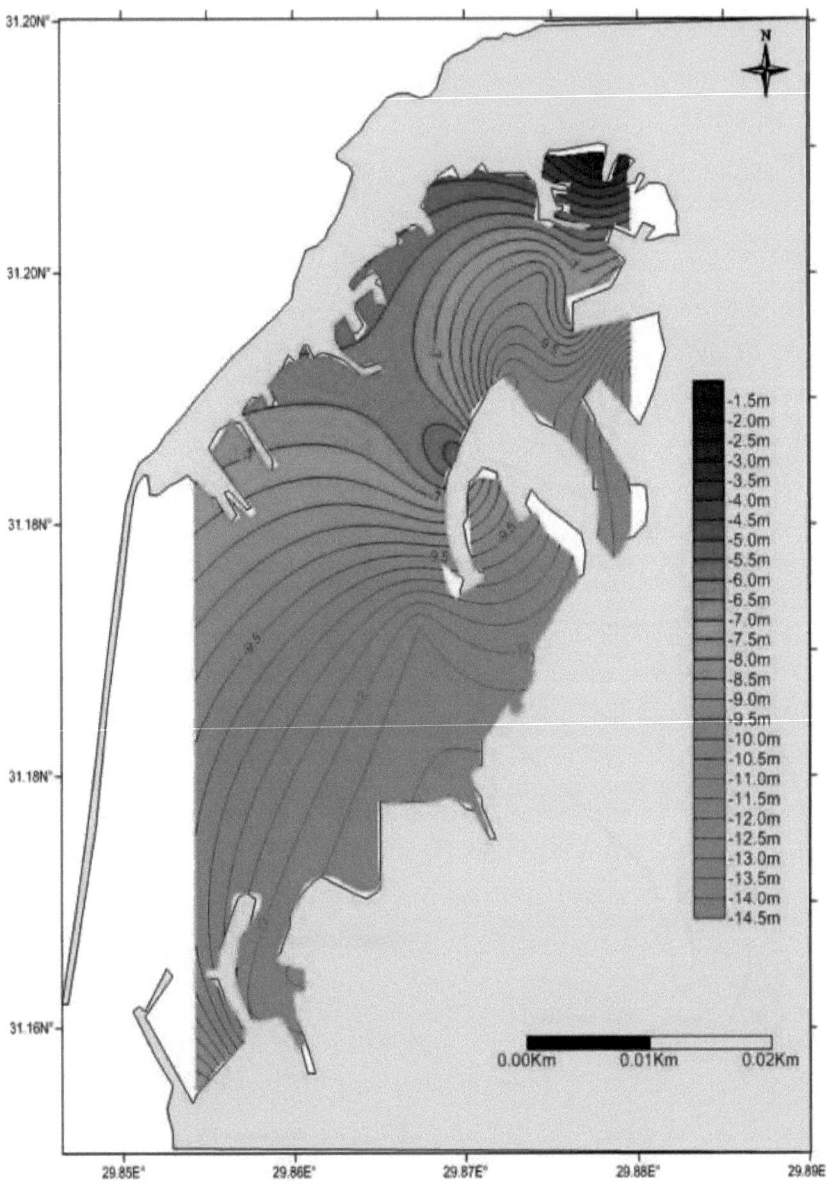

Mapa 3. Mapa batimétrico do porto ocidental.

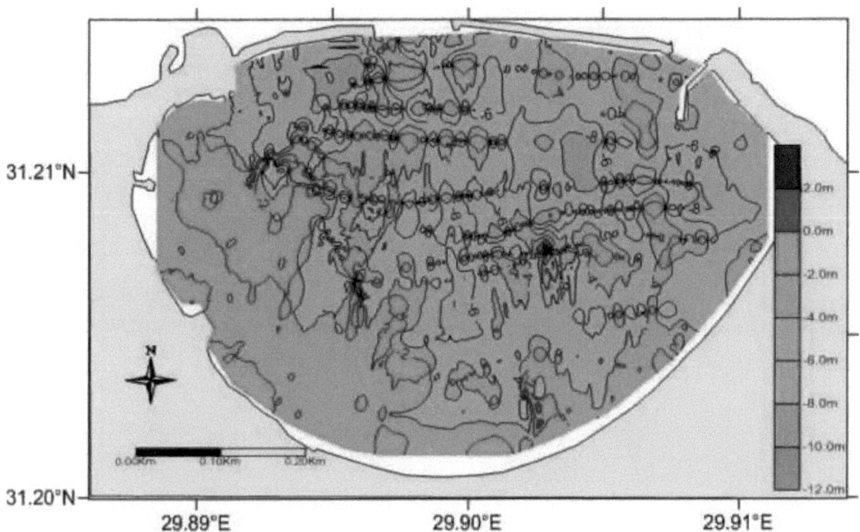

Mapa 4. Mapa batimétrico do porto oriental.

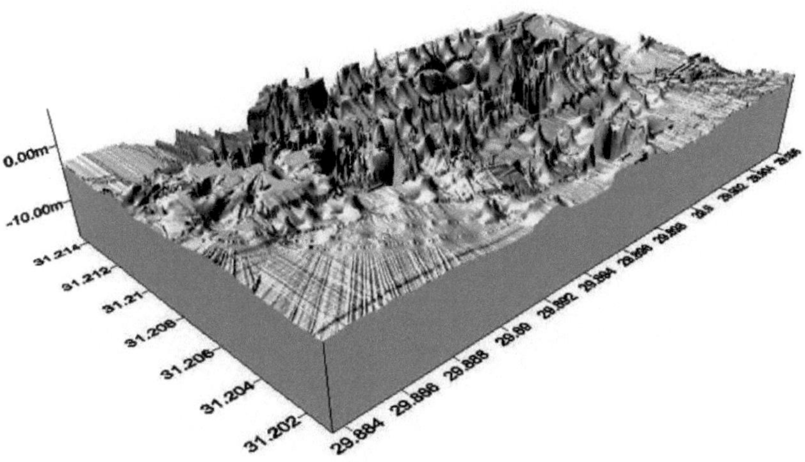

Mapa 5. Mapa batimétrico (3 dimensões) para o porto oriental.

6.2. Inquérito aos mergulhadores

O levantamento acústico estimado pelo mergulhador nos dez locais do porto oriental (mapa 6) selecionados para a verificação em terra de todas as classes acústicas foi dominado por areia, lodo, vermes tubulares ou restos de constrição e blocos no porto oriental (fig. 23). O resultado do levantamento por mergulhadores revela uma peça de antiguidades afundada que foi fotografada por mergulhadores. Esta peça está localizada a 31.20505817° N e 29.89878°E (Fig.20).

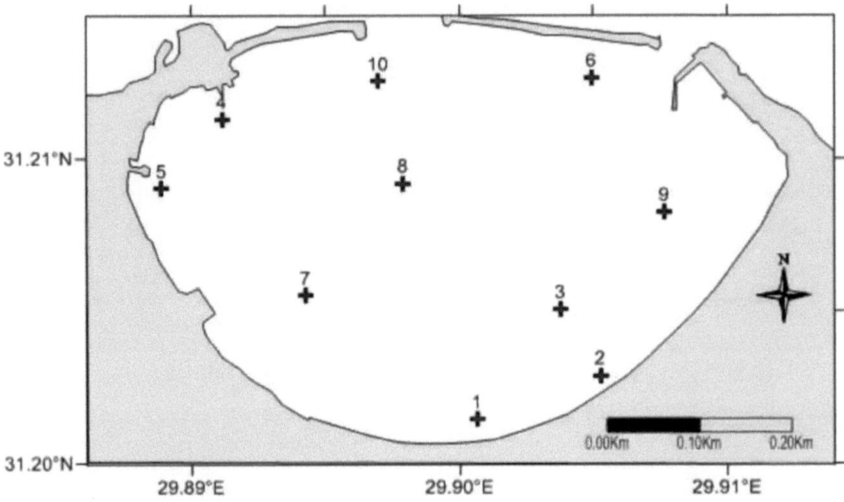

Mapa 6. Locais de mergulho no porto oriental.

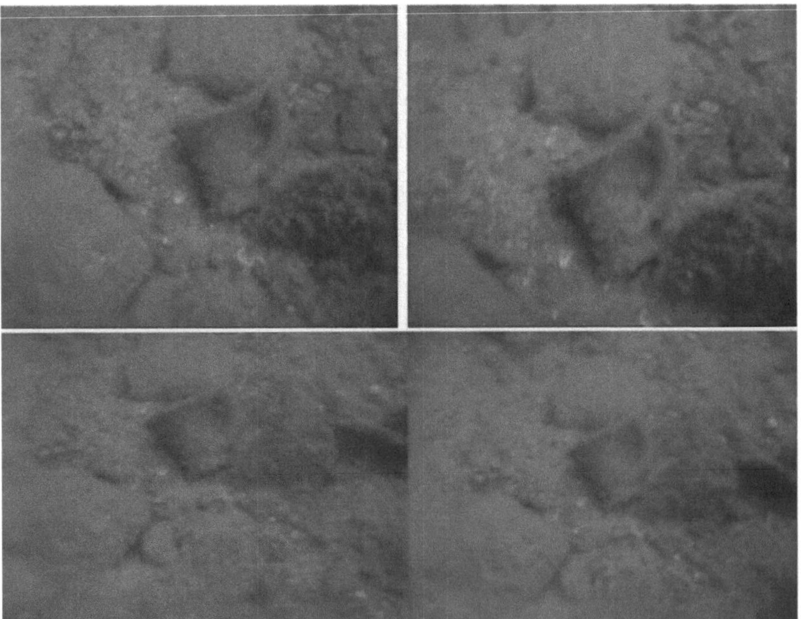

Figura 20. Fotografias de peças de antiguidades afundadas.

6.3. Análise granulométrica

6.3.1. Porto ocidental

No porto ocidental, foram recolhidas onze amostras para cobrir todas as classes que obtivemos do levantamento geofísico com exatidão e também para cobrir a área de estudo (mapa 5). Esta área de estudo apresenta todos os tamanhos de areia, desde areia grossa a areia muito fina, e uma amostra dura como amostra de matéria orgânica (tabela 3). A maior parte dos sedimentos consiste em grandes agregados de fragmentos de conchas com bivalves, gastrópodes, grande quantidade de vermes tubulares, pequena quantidade de cascalho e incrustações. Alguns sedimentos contêm resíduos de carvão. Todos os sedimentos têm odor a gás e H_2S, mas a sua intensidade difere de uma amostra para outra. Os sedimentos estão presentes em tons de cinzento escuro e cinzento pálido.

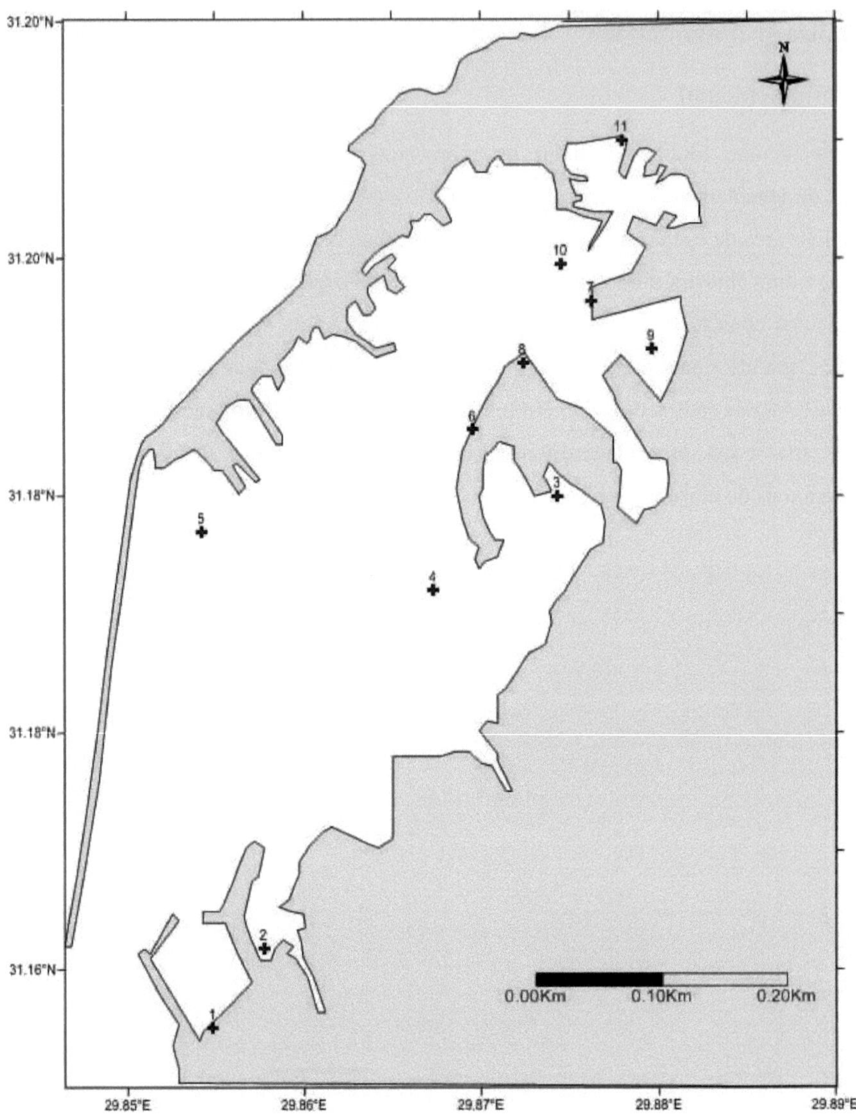

Mapa 7. Locais de amostragem de sedimentos e água no porto ocidental.

Tabela 3. Resultado da análise granulométrica do porto ocidental

6.3.1.1. Amostras de recolha

St.	Tamanho médio	Ordenação	Assimetria	Curtose
1	Areia grossa	Moderadamente selecionado	Inclinação fortemente fina	Mesocúrtica
2	Areia muito fina	Mal selecionado	Inclinação fina	Muito leptocúrtico
3	Amostra de matéria orgânica			
4	Areia fina	Mal selecionado	Inclinação fina	Leptocúrtico
5	Areia média	Mal selecionado	Enviesado fortemente grosseiro	Leptocúrtico
6	Areia fina	Mal selecionado	Inclinação fortemente fina	Mesocúrtica
7	Areia média	Mal selecionado	Inclinação fortemente fina	Leptocúrtico
8	Areia média	Moderadamente selecionado	Inclinação fina	Mesocúrtica
9	Areia média	Mal selecionado	Inclinação fina	Leptocúrtico
10	Areia fina	Mal selecionado	Quase simétrico	Mesocúrtica
11	Areia média	Mal selecionado	Inclinação fina	Mesocúrtica

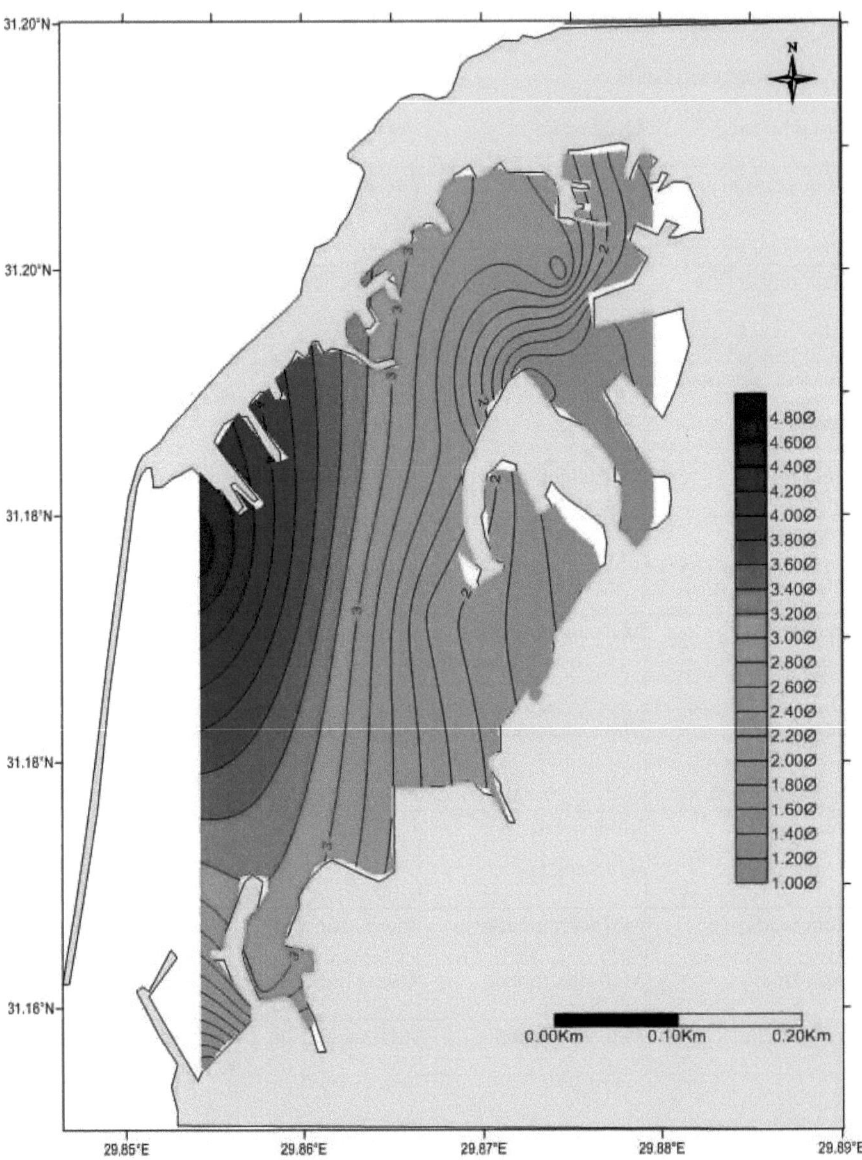

Mapa 8. O incremento da granulometria média de nordeste para sudoeste no porto ocidental.

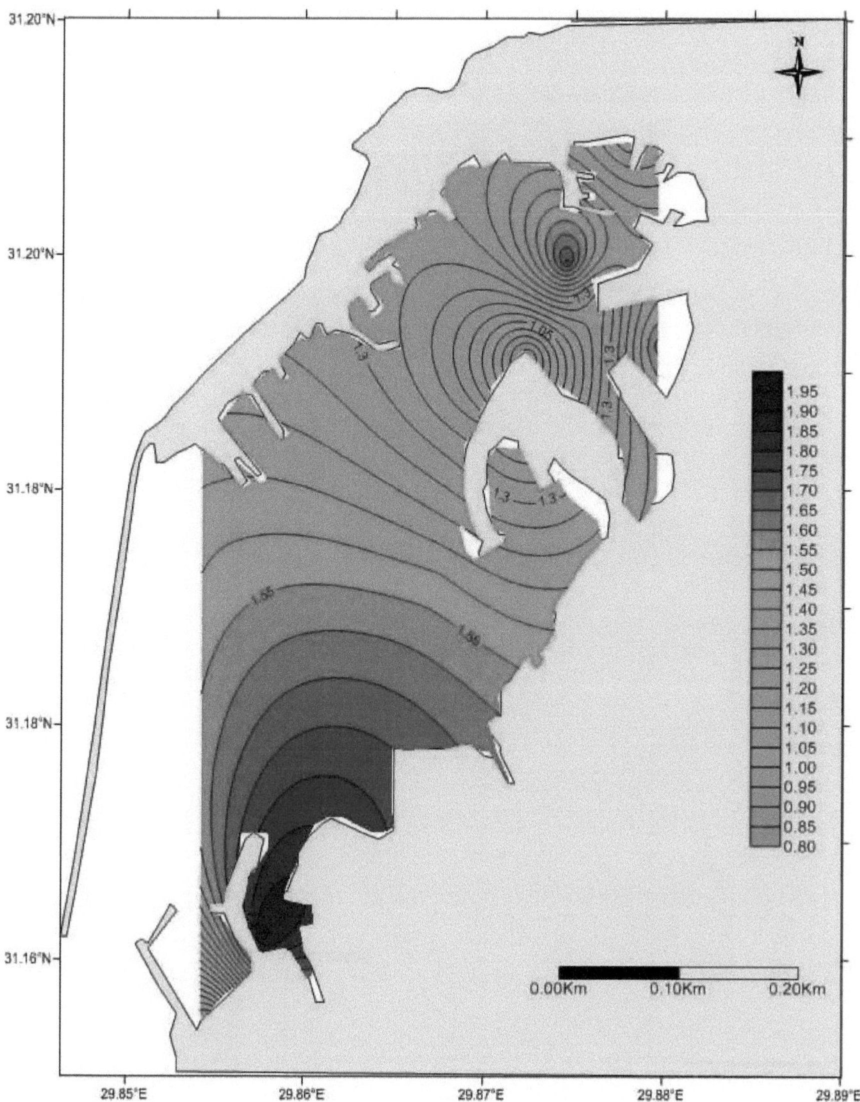

Mapa 9. O incremento da triagem de nordeste para sudoeste no porto ocidental.

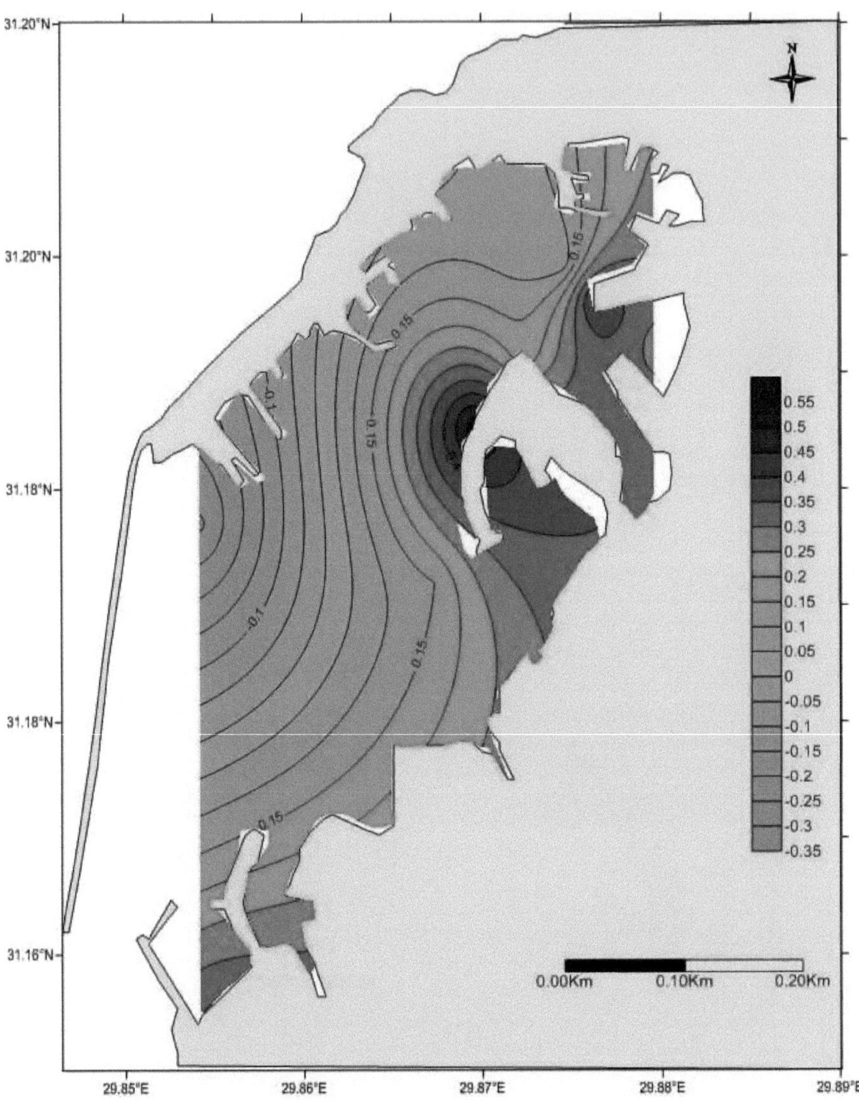

Mapa 10. O incremento da assimetria de sudoeste para nordeste no porto ocidental.

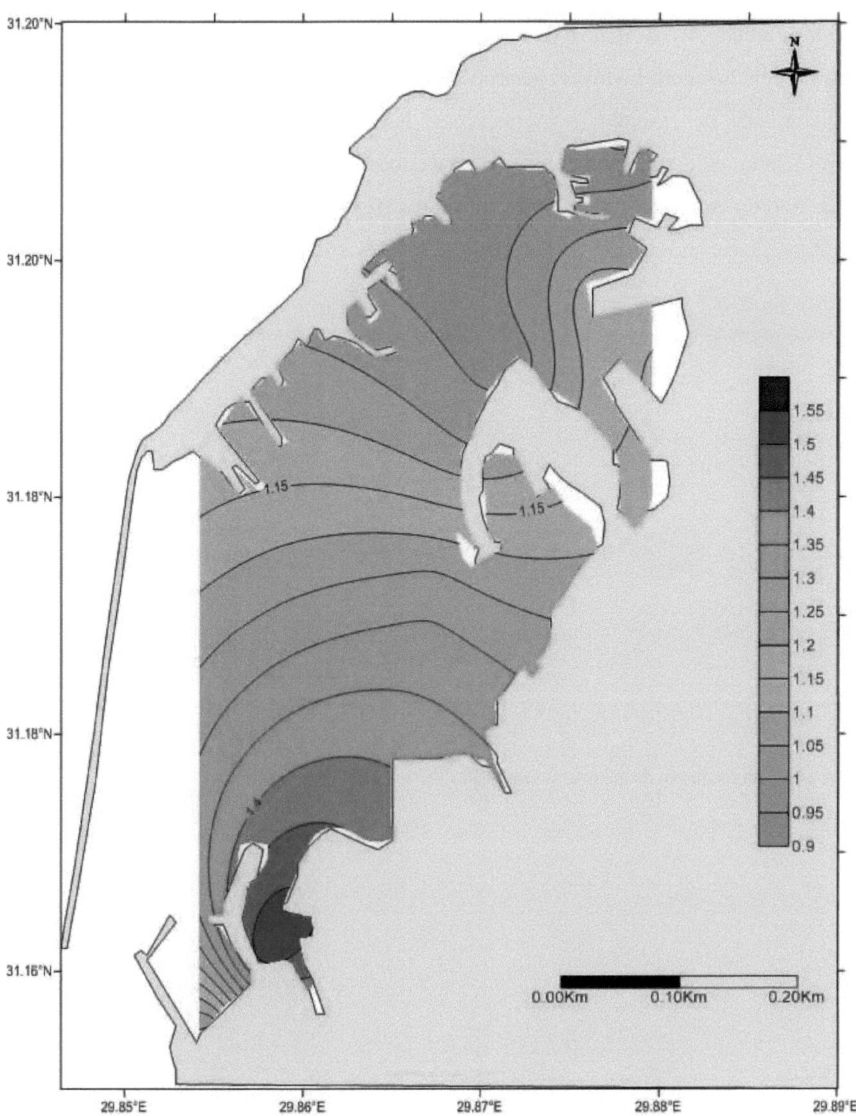

Mapa 11. O incremento da curtose de nordeste para sudoeste no porto ocidental.

6.3.2. Porto oriental

No porto oriental, foram recolhidas nove amostras de núcleos e vinte amostras de agarras (mapa 12). Estas amostras abrangem todas as classes que obtivemos no levantamento geofísico. A distribuição granulométrica em toda a área de investigação varia de areia grossa a silte médio (tabela 4). A maior parte dos sedimentos contém agregados maiores de fragmentos de conchas com bivalves, gastrópodes, grande quantidade de vermes tubulares, pequena quantidade de cascalho e incrustações. Não foi encontrado qualquer odor no sedimento. O lado ocidental parece ser a única localidade onde se registam impactos humanos, de acordo com o estudo dos mergulhadores (fig.21).

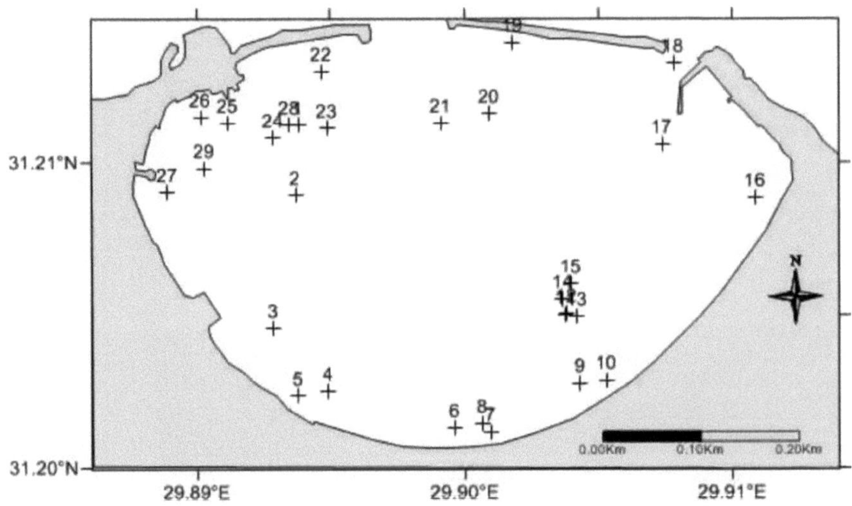

Mapa 12. Locais de amostragem de sedimentos e água no porto oriental.

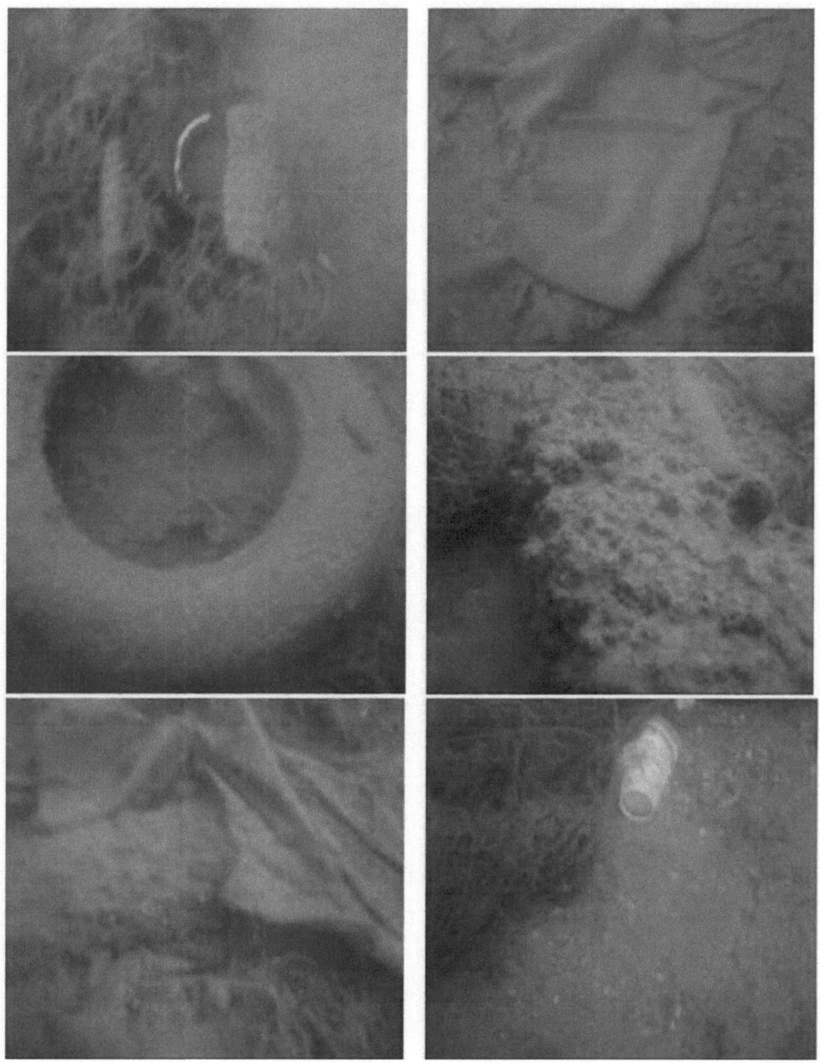

Figura 21. Fotografias dos poluentes presentes na parte ocidental do porto oriental tiradas pelo mergulhador.

Tabela 4. Resultado da análise granulométrica do porto oriental.

6.3.2.1. Amostras de recolha

St.	Tamanho médio	Ordenação	Inclinação	Curtose
1	Areia média	Mal selecionado	Quase simétrico	Muito leptocúrtico
2	Areia média	Mal selecionado	Quase simétrico	Platykurtic
3	Areia média	Mal selecionado	Quase simétrico	Leptocúrtico
4	Areia grossa	Mal selecionado		Platykurtic
5	Areia média	Mal selecionado	Inclinação fina	Muito platicúrtica
13	Areia grossa	Moderadamente bem ordenado		Muito platicúrtica
14	Areia grossa	Moderadamente bem ordenado	Enviesado grosseiro	Leptocúrtico
15	Areia grossa	Moderadamente selecionado	Enviesado fortemente grosseiro	Platykurtic
16	Areia grossa	Mal selecionado		Muito platicúrtica
17	Areia grossa	Moderadamente bem ordenado		Mesocúrtica
18	Areia média	Mal selecionado	Enviesado grosseiro	Leptocúrtico
19	Areia média	Mal selecionado	Enviesado grosseiro	Leptocúrtico
20	Areia grossa	Moderadamente selecionado	Inclinação grosseira	Mesocúrtica
21	Areia média	Moderadamente bem ordenado	Inclinação fina	Platykurtic
22	Areia fina	Moderadamente	Quase simétrico	Mesocúrtica

		selecionado		
23	Areia fina	Mal selecionado	Inclinação fina	Muito leptocúrtico
24	Areia média	Mal selecionado	Inclinação grosseira	Leptocúrtico
25	Areia grossa	Mal selecionado	Inclinação fina	Muito platicúrtica
26	Areia grossa	Mal selecionado	Inclinação fortemente fina	Muito platicúrtica
27	Areia grossa	Mal selecionado	Quase simétrico	Muito platicúrtica

6.3.2.1. Amostras de núcleo

St.	**Tamanho médio**	**Ordenação**	**Inclinação**	**Curtose**
6	Areia grossa	Moderadamente selecionado	Inclinação grosseira	Muito platicúrtica
7	Silte médio	Mal selecionado	Inclinação fortemente fina	Muito leptocúrtico
8	Areia fina	Mal selecionado	Enviesado fortemente grosseiro	Muito platicúrtica
9	Areia grossa	Moderadamente selecionado	Quase simétrico	Platykurtic
10	Areia grossa	Moderadamente selecionado	Quase simétrico	Platykurtic
11	Areia grossa	Moderadamente bem ordenado	Inclinação fortemente fina	Muito platicúrtica
12	Areia grossa	Moderadamente bem ordenado		Muito platicúrtica
28	Areia grossa	Mal selecionado	Quase simétrico	Platykurtic

29	Areia média	Moderadamente selecionado	Quase simétrico	Mesocúrtica

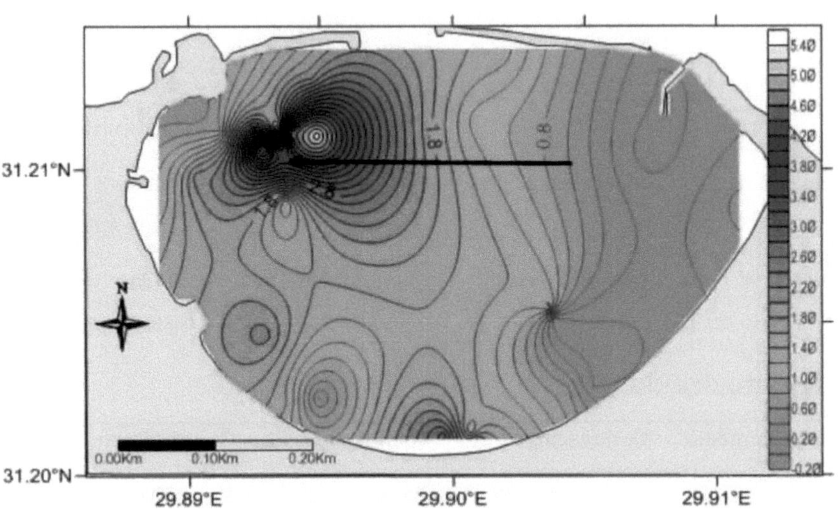

Mapa 13. Incremento da granulometria média de leste para oeste no porto oriental.

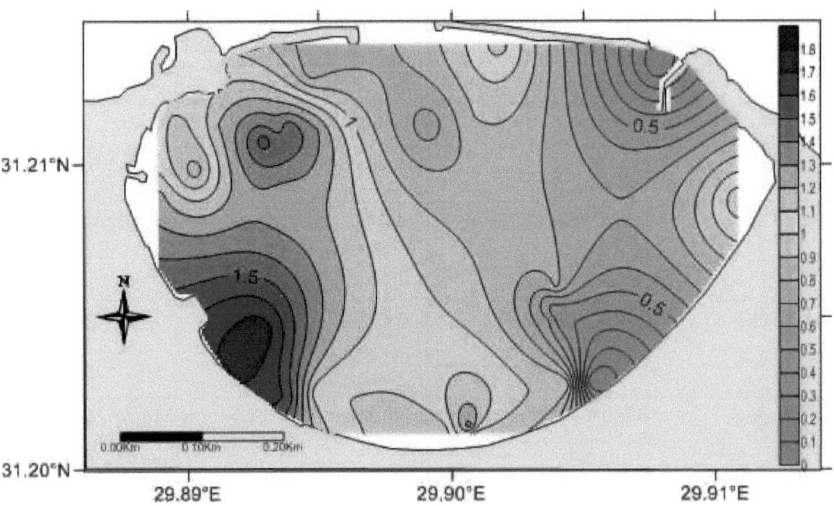

Mapa 14. O incremento da triagem de leste para oeste no porto oriental.

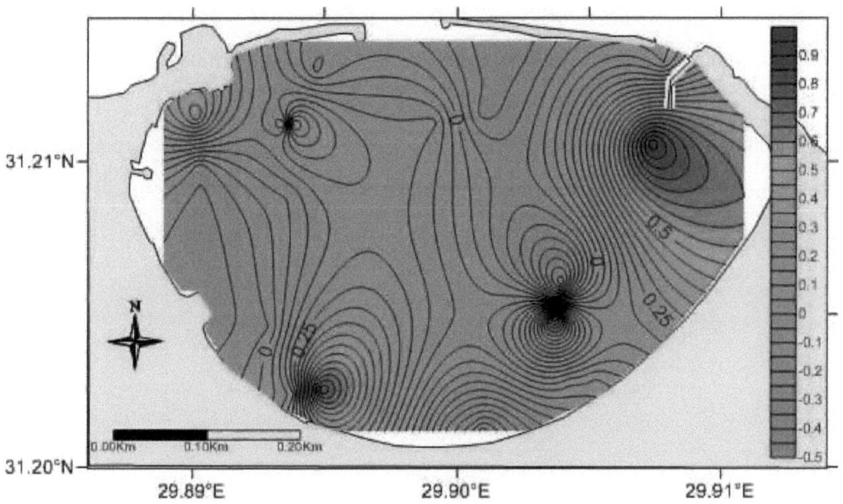

Mapa 15. O aumento da assimetria de oeste para leste no porto oriental.

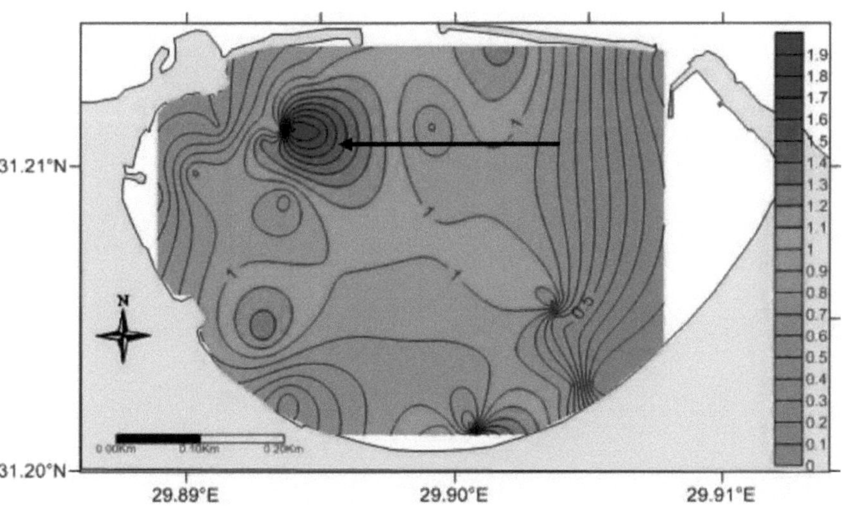

Mapa 16. O incremento da curtose de leste para oeste no porto oriental.

6.4. Avaliação da exatidão da classificação acústica (análise do tamanho dos grãos e avaliação da classificação com base nos mergulhadores)

6.4.1. <u>Porto ocidental</u>

Com base na análise da granulometria apenas no porto ocidental, os tipos de fundo foram atribuídos a classes acústicas. Os resultados, sobrepostos no mapa de classificação acústica (mapa 17), mostram que a classe acústica 1 corresponde a matéria orgânica e as classes acústicas 2, 3, 4 e 5 correspondem a sedimentos (fig. 22). A análise granulométrica no porto ocidental sugere que a classe acústica 1 corresponde a matéria orgânica, a classe acústica 2 corresponde a areia grossa, a classe acústica 3 corresponde a areia média, a classe acústica 4 corresponde a areia fina e a classe acústica 5 corresponde a areia muito fina (fig.22).

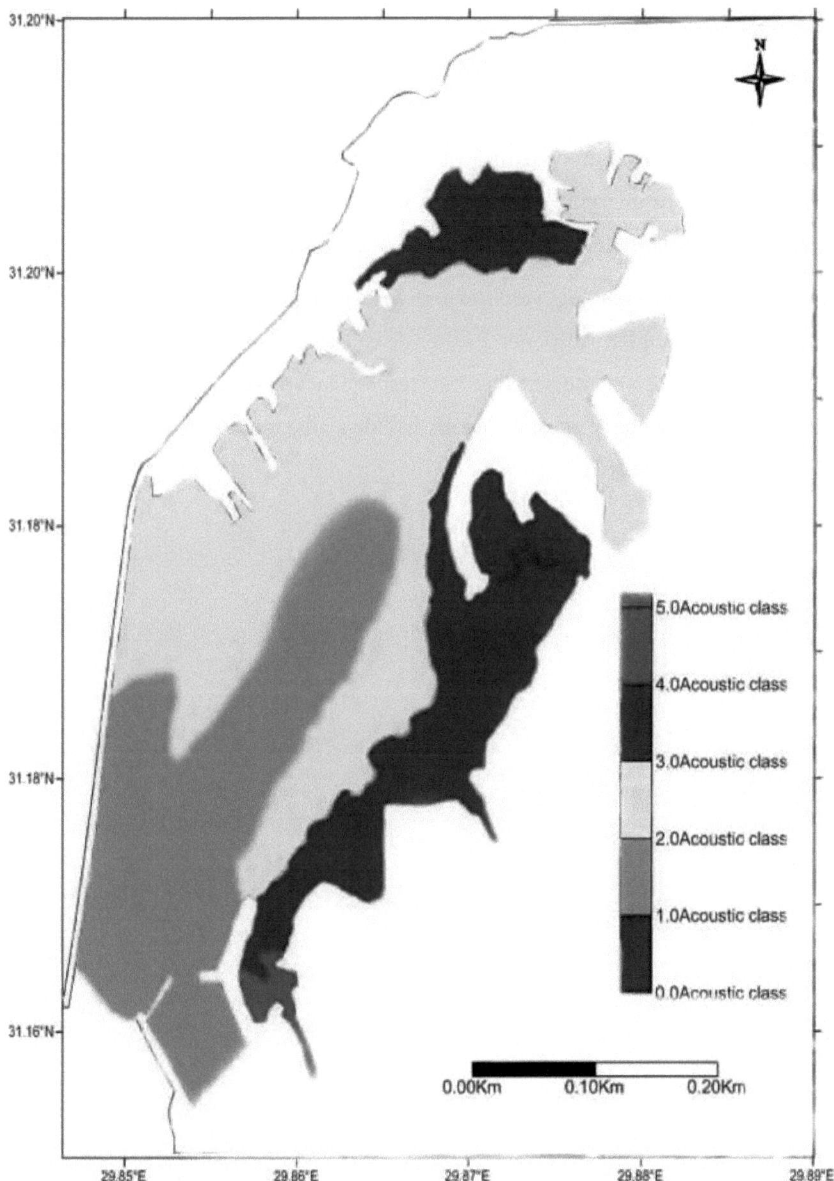

Mapa 17. As classes acústicas do porto ocidental.

6.4.2. Porto oriental

As classes acústicas foram identificadas com base no levantamento por mergulhadores e na análise granulométrica no porto oriental. Os tipos de fundo foram atribuídos a classes acústicas no porto oriental com base na observação visual, nas imagens do levantamento dos mergulhadores e nos resultados da análise granulométrica sobrepostos no mapa de classificação acústica (mapa 18). Visualmente, a Classe Acústica 1 corresponde aos locais de mergulho dominados por restos de construção e blocos; as Classes Acústicas 2, 3, 4 e 5 correspondem aos locais de mergulho dominados por sedimentos e a Classe Acústica 6 corresponde aos locais de mergulho dominados por vermes tubulares (fig. 23).

A observação visual, as imagens de vídeo e a análise granulométrica no porto oriental sugerem que a classe acústica 1 corresponde a restos de construção e blocos, a classe acústica 2 corresponde a areia grossa, a classe acústica 3 corresponde a areia média, a classe acústica 4 corresponde a areia fina, a classe acústica 5 corresponde a silte médio e a classe acústica 6 corresponde a vermes tubulares (fig.23).

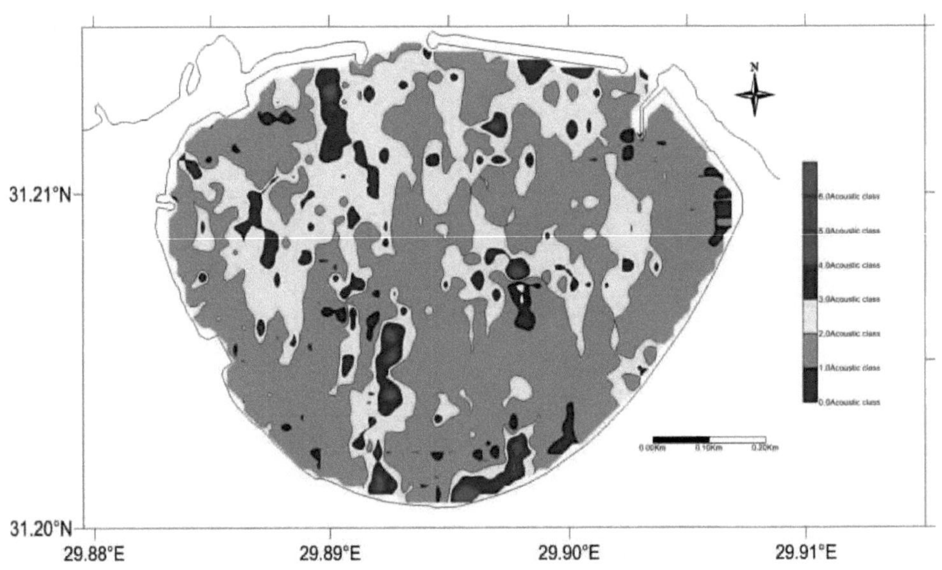

Mapa 18. As classes acústicas do porto de Leste.

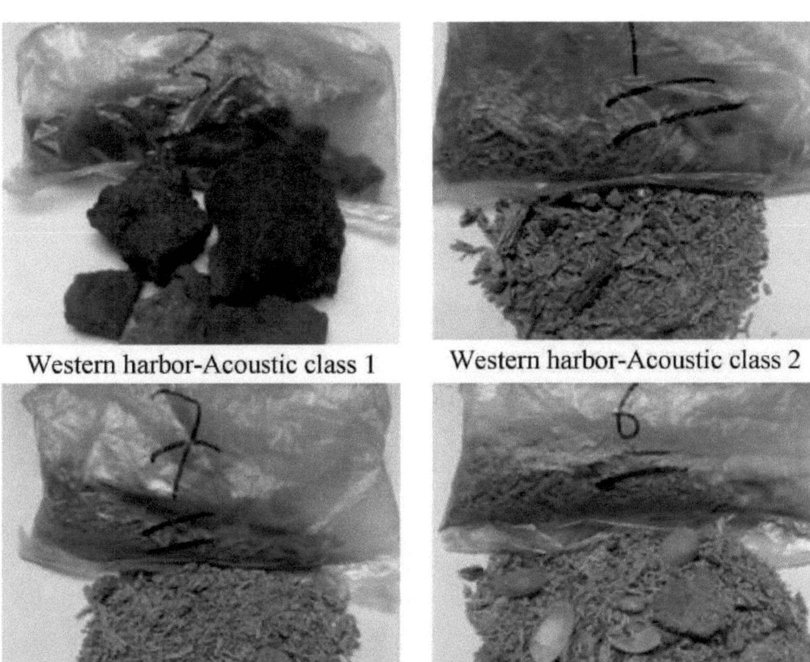

Western harbor-Acoustic class 3 Western harbor-Acoustic class 4

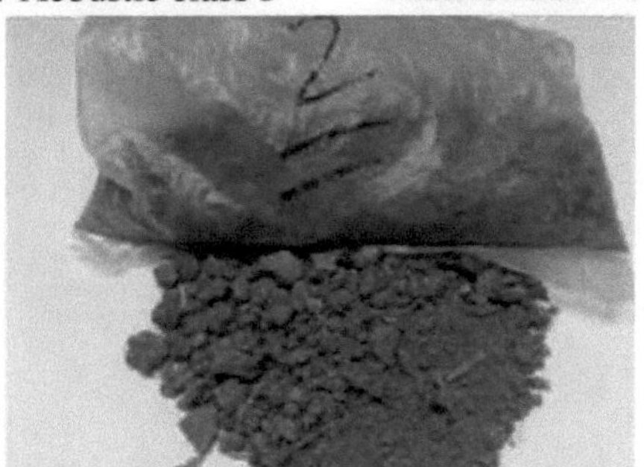

Western harbor-Acoustic class 5

Figura 22. Diferentes sedimentos para classes acústicas no porto ocidental.

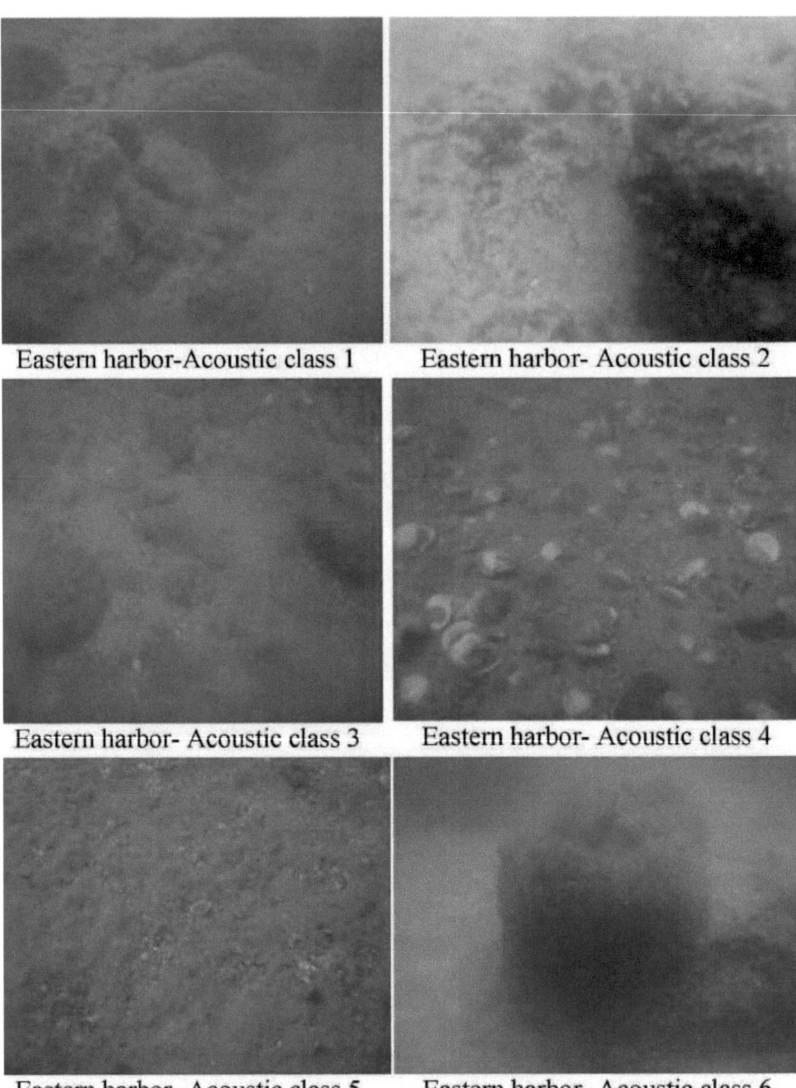

Figura 23. Imagens de vídeo e observações visuais para classes acústicas no porto oriental.

6.5. Análise petrofísica

6.5.1. Porto ocidental

6.5.1.1. Densidade dos grãos

A caraterística geral da distribuição da densidade do grão do porto ocidental mostra um valor médio de cerca de 1,15 gm/cm^3 , o valor mais baixo na amostra n.º 1 e o valor mais alto na amostra n.º 2. 1 e o valor mais alto na amostra no. 8 (fig.24). O mapa 19 ilustra o aumento da densidade de grãos das amostras de sedimentos de sudoeste para nordeste.

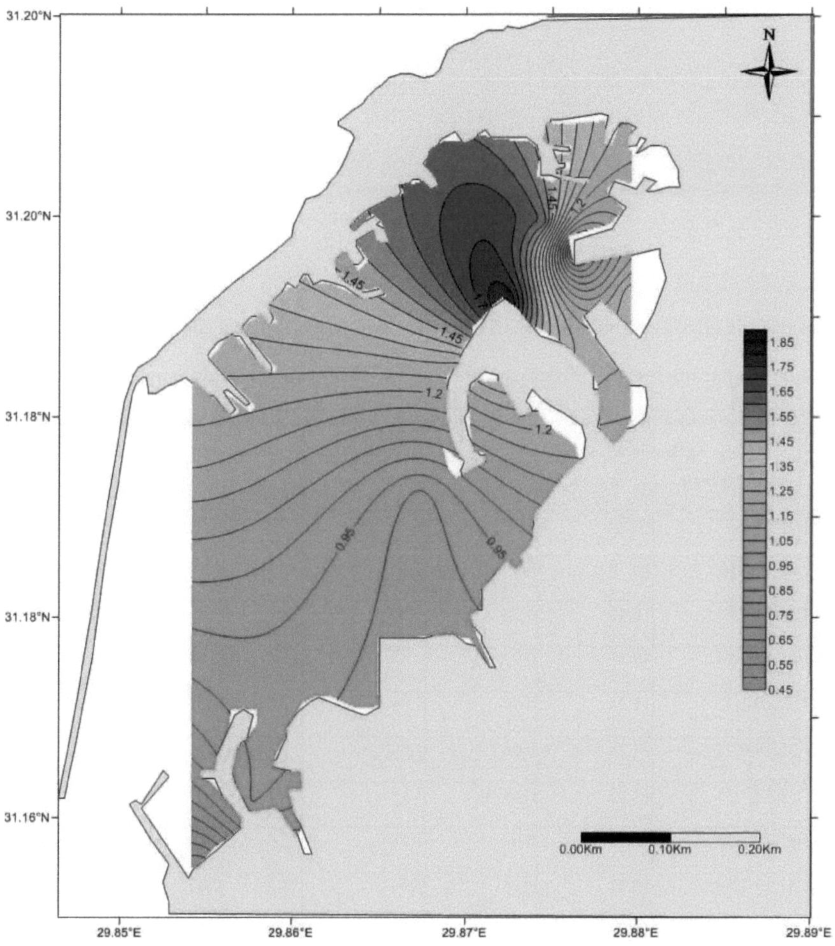

Mapa 19. Densidade de grãos (gm/cm^3) de amostras de sedimentos no porto ocidental.

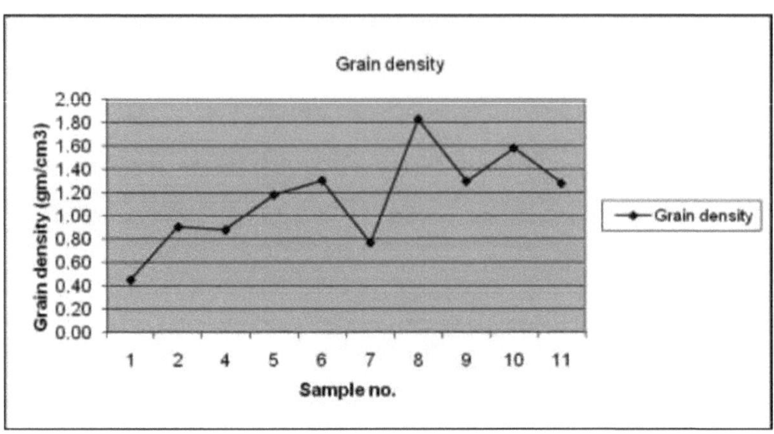

Figura 24. Densidade de grãos (gm/cm^3) de amostras de sedimentos no porto ocidental.

Tabela 5. Resumo dos parâmetros petrofísicos das amostras de sedimentos recolhidas no porto ocidental

Número da amostra	E	N	Densidade dos grãos (gm/cm3)	Resistividade eléctrica (Ω.m)	Condutividade (moho/m)	Fator de formação	Constante dieléctrica	Permeabilidade (mili Darcy)	Tamanho médio (0)
1.00	29.85	31.16	0.45	9.76	0.10	0.92	1.30	0.40	0.97
2.00	29.86	31.17	0.90	10.70	0.09	1.01	1.15	0.03	3.10
4.00	29.87	31.18	0.88	16.45	0.06	1.55	1.21	0.02	2.09
5.00	29.85	31.18	1.18	48.31	0.02	4.54	1.18	0.02	4.74
6.00	29.87	31.19	1.31	11.24	0.09	1.06	1.40	2.35	2.39
7.00	29.88	31.19	0.77	17.76	0.06	1.67	1.25	0.77	1.37
8.00	29.87	31.19	1.83	11.83	0.08	1.11	1.34	0.01	1.07
9.00	29.88	31.19	1.30	12.58	0.08	1.18	1.14	0.42	1.54
10.00	29.87	31.19	1.58	16.42	0.06	1.54	1.25	0.03	2.90
11.00	29.88	31.20	1.28	16.42	0.06	1.54	1.31	0.16	1.60

6.5.1.2. Resistividade eléctrica

A caraterística geral da distribuição da resistividade eléctrica do porto ocidental mostra um valor médio de cerca de 17,15 Ω.m, com o valor mais baixo na amostra n. 1 e o valor mais alto na amostra no. 5 (fig.25). O mapa 20 ilustra o incremento da resistividade eléctrica das amostras de sedimentos de sudeste para noroeste.

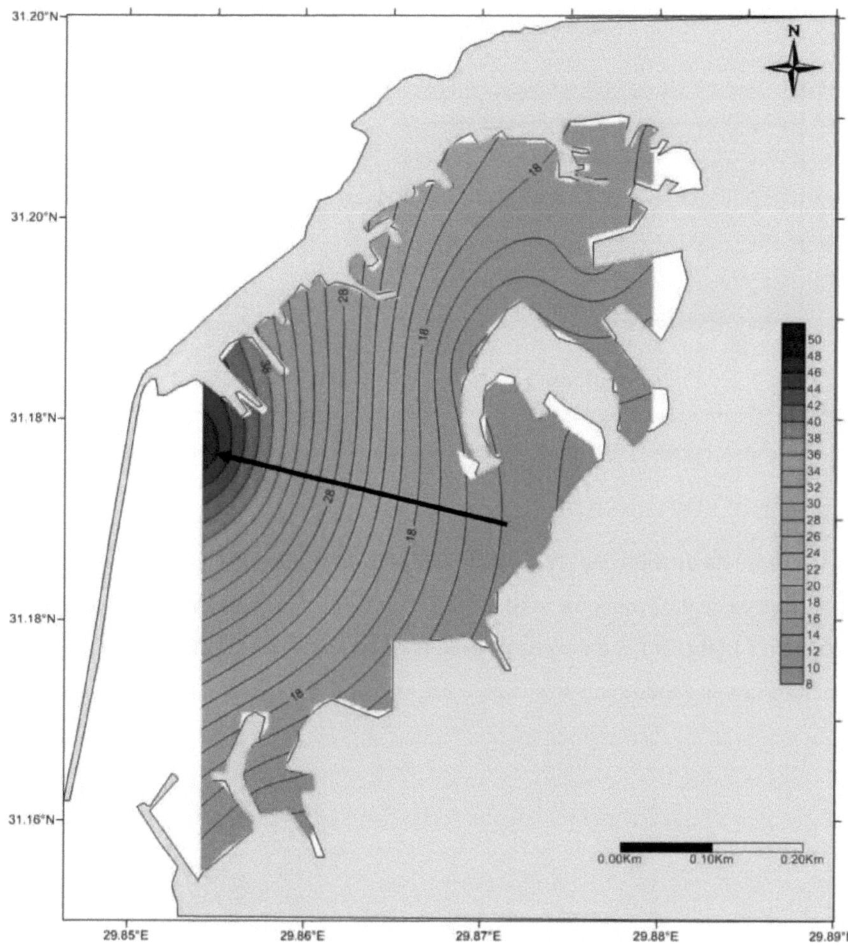

Mapa 20. A resistividade eléctrica (Ohm.m) das amostras de sedimentos no porto ocidental.

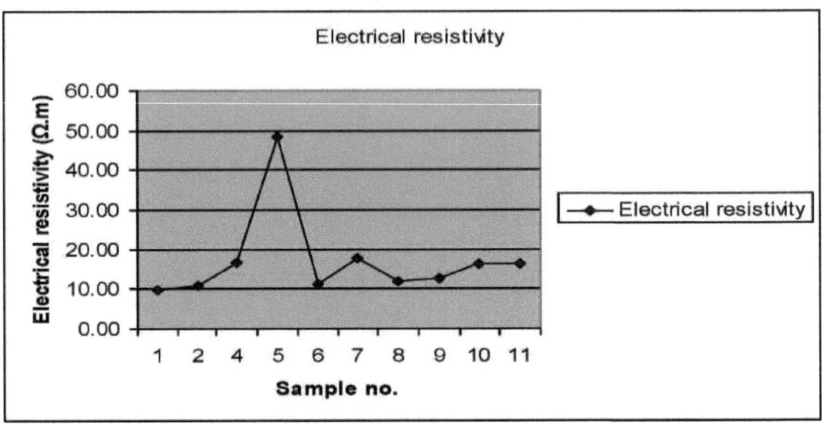

Figura 25. A resistividade eléctrica (Ohm.m) de amostras de sedimentos no porto ocidental.

6.5.1.3. Condutividade eléctrica

A caraterística geral da distribuição da condutividade eléctrica do porto ocidental mostra um valor médio de cerca de 0,07 moho/m, com o valor mais baixo na amostra n.º 5 e o valor mais alto na amostra n.º 1 (fig. 26). 5 e o valor mais elevado na amostra n.º 1 (fig.26). O mapa 21 mostra o incremento da condutividade eléctrica das amostras de sedimentos de noroeste para sudeste.

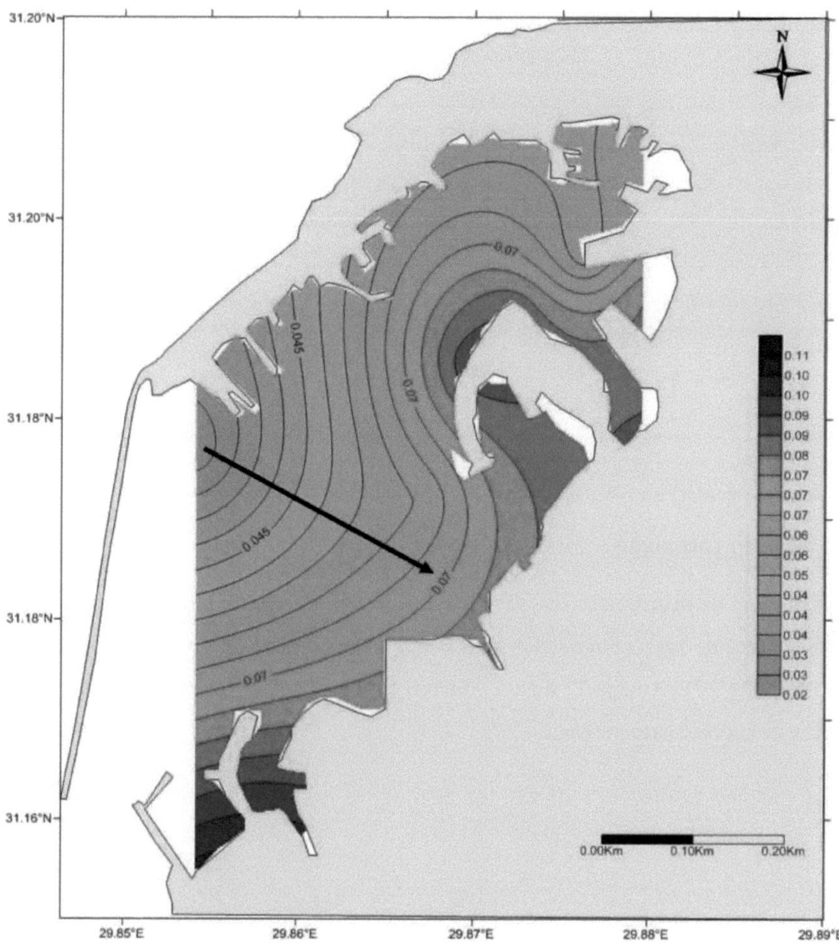

Mapa 21. A condutividade eléctrica (moho/m) das amostras de sedimentos no porto ocidental.

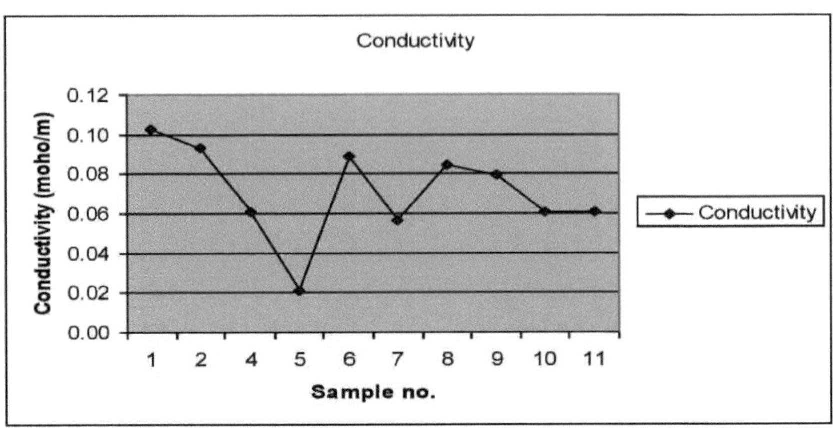

Figura 26. Condutividade eléctrica (Ohm.m) de amostras de sedimentos no porto ocidental.

6.5.1.4. Fator de formação

A caraterística geral da distribuição dos factores de formação do porto ocidental mostra um valor médio de cerca de 1,61, com o valor mais baixo na amostra n. 1 e o valor mais elevado na amostra no. 5 (fig.27). O mapa 22 ilustra o incremento do fator de formação das amostras de sedimentos de sudeste para noroeste.

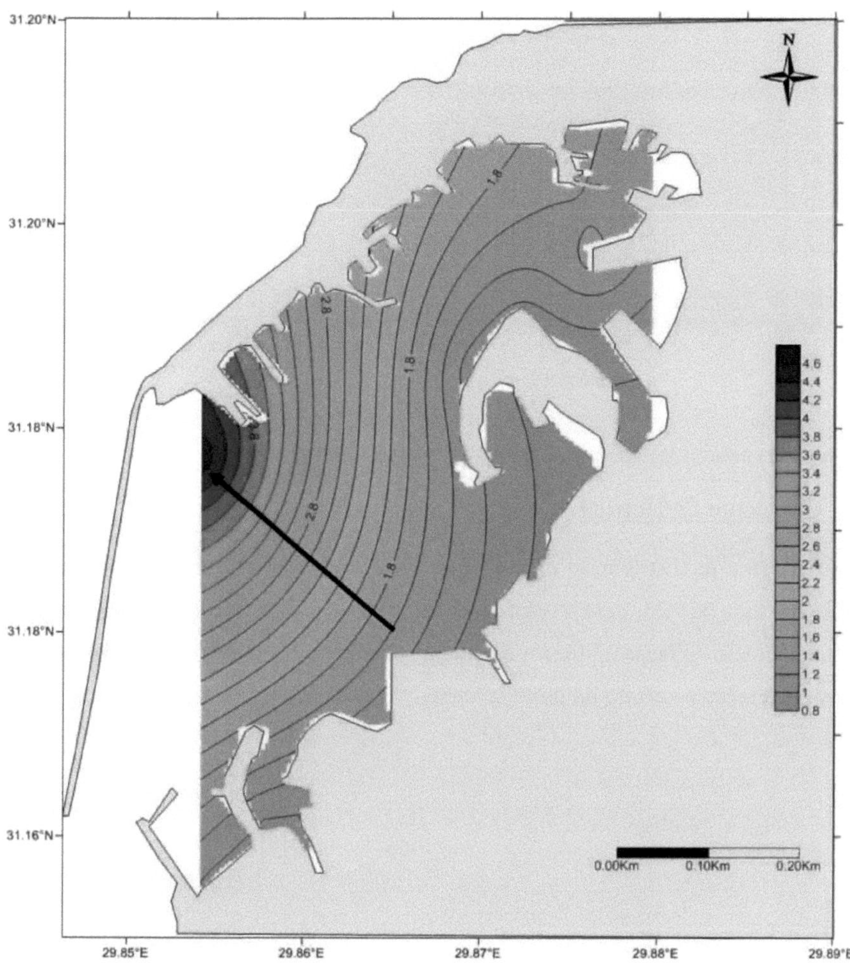

Mapa 22. Fator de formação das amostras de sedimentos no porto ocidental.

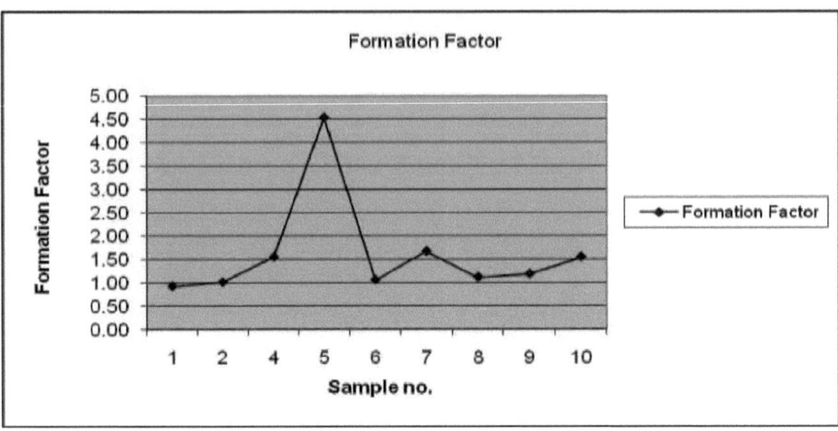

Figura 27. Fator de formação das amostras de sedimentos no porto ocidental.

6.5.1.5. Constante dieléctrica

A caraterística geral da distribuição da constante dieléctrica do porto ocidental mostra um valor médio de cerca de 1,25, com o valor mais baixo na amostra n. 9 e o valor mais alto na amostra no. 6 (fig.28). O mapa 23 ilustra o aumento da constante dieléctrica das amostras de sedimentos em direção ao centro do porto ocidental.

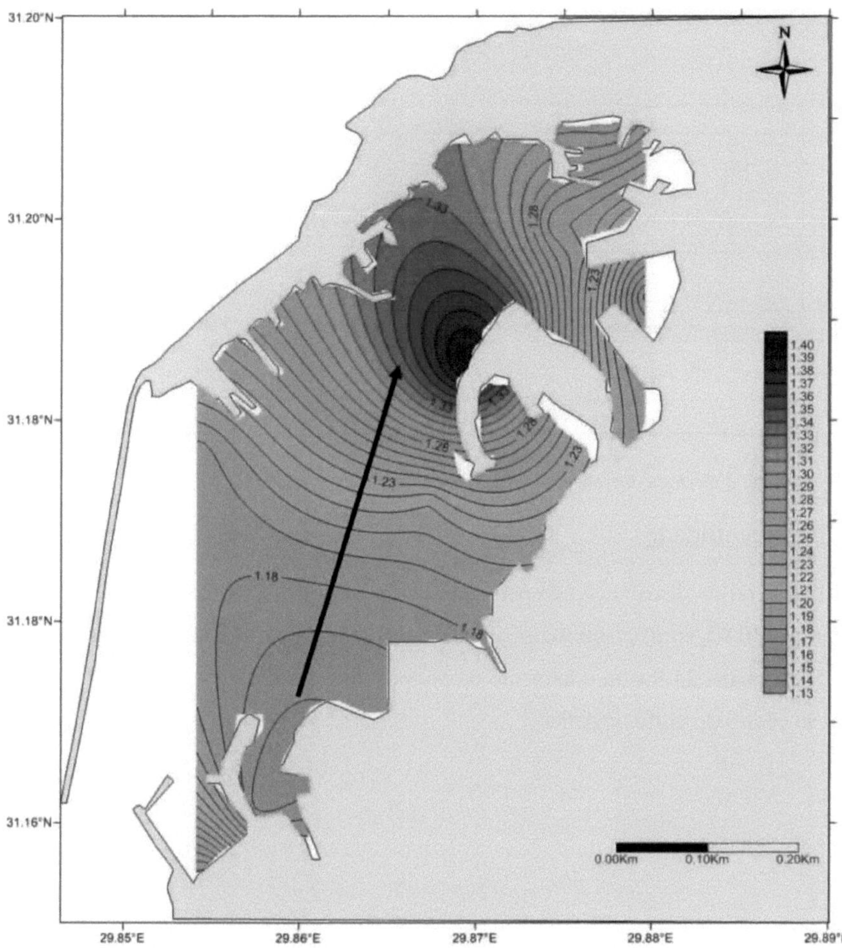

Mapa 23. A constante dieléctrica das amostras de sedimentos no porto ocidental.

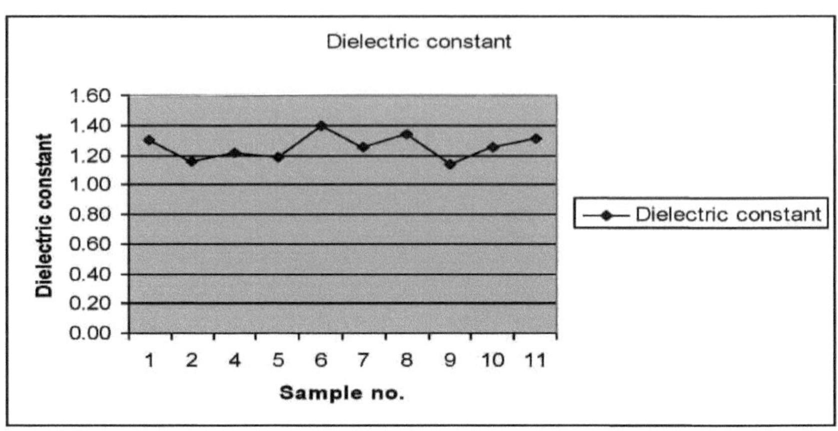

Figura 28. A constante dieléctrica das amostras de sedimentos no porto ocidental.

6.5.1.6. Permeabilidade

A caraterística geral da distribuição da permeabilidade do porto ocidental mostra um valor médio de cerca de 0,42, com o valor mais baixo na amostra n. 8 e o valor mais alto na amostra no. 6 (fig.29). O mapa 24 ilustra o aumento da permeabilidade das amostras de sedimentos em direção ao centro do porto ocidental.

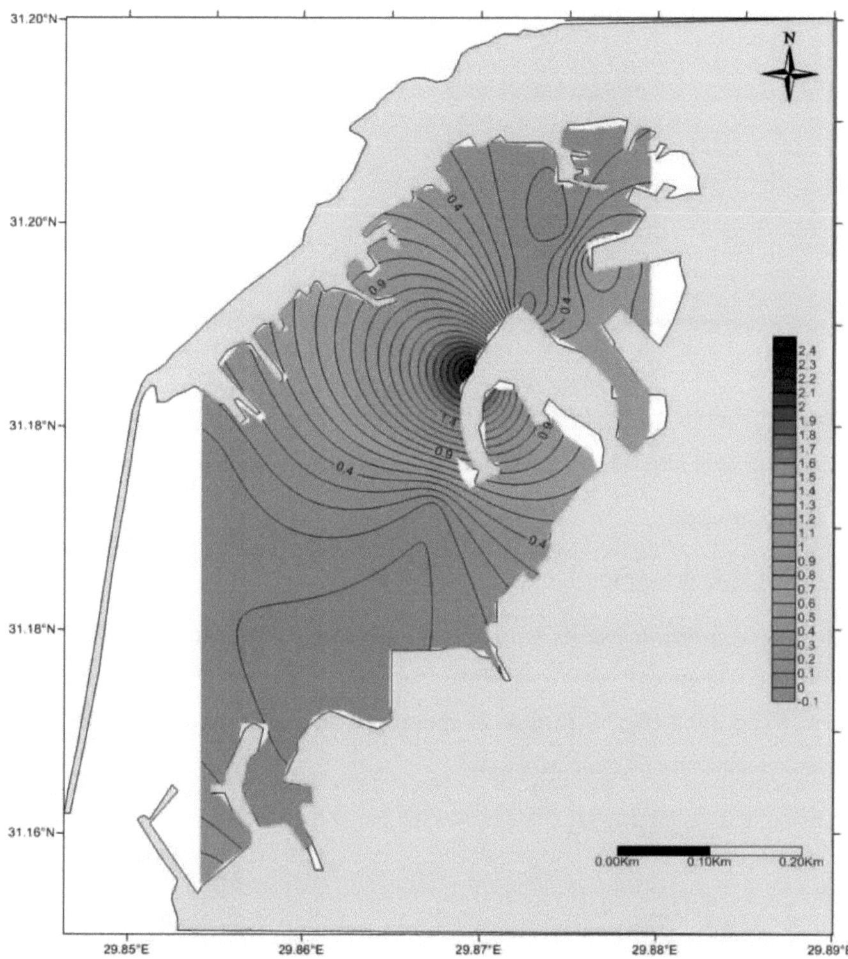

Mapa 24. A permeabilidade (mili Darcy) das amostras de sedimentos no porto ocidental.

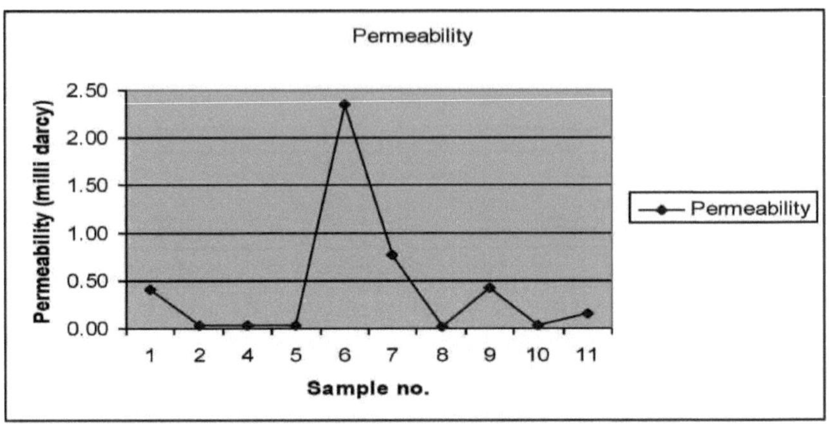

Figura 29. A permeabilidade (mili Darcy) de amostras de sedimentos no porto ocidental.

6.5.2. Porto oriental

6.5.2.1. Densidade dos grãos

A caraterística geral da distribuição da densidade dos grãos do porto oriental mostra um valor médio de cerca de 1,78 gm/cm^3 , com o valor mais baixo na amostra n.º 29 e o valor mais alto na amostra n.º 8 (fig. 30). 8 (fig.30). O mapa 25 apresenta o incremento da densidade de grãos das amostras de sedimentos de oeste para leste.

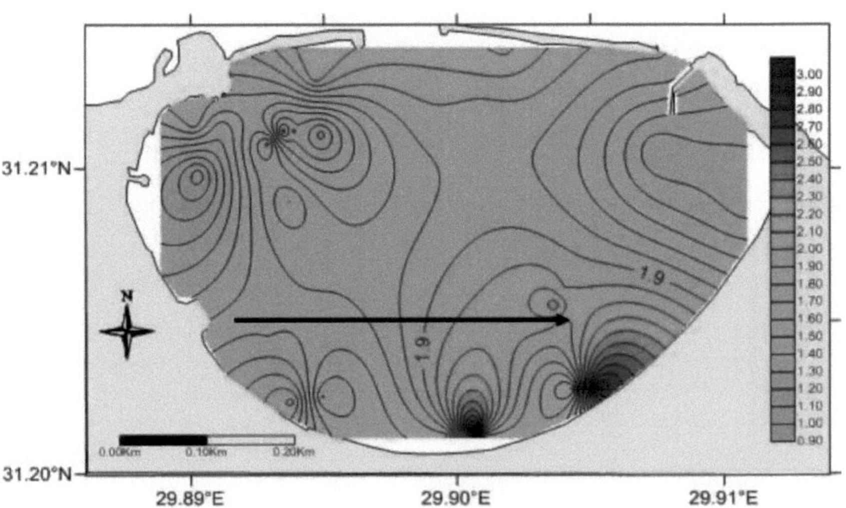

Mapa 25. Densidade do grão (gm/cm3) das amostras de sedimentos no porto oriental.

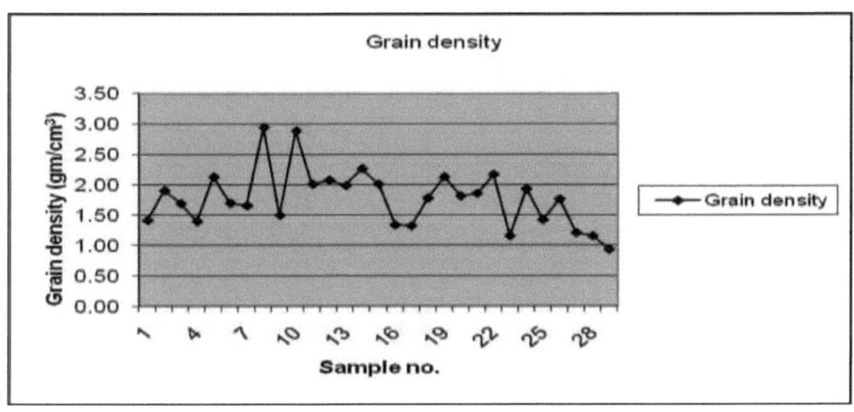

Figura 30. A densidade de grãos (gm/cm^3) para amostras de sedimentos no porto oriental.

Tabela 6. Resumo dos parâmetros petrofísicos das amostras de sedimentos recolhidas no porto oriental

N.º da amostra	E	N	Densidade dos grãos (gm/cm3)	Elétrico resistividade (Ω.m)	Condutividade (moho/m)	Fator de formação	Constante dieléctrica	Permeabilidade (milli Darcy)	Tamanho médio (0)
1	29.89	31.21	1.41	10.62	0.09	1.00	4.50	1.33	4.36
2	29.89	31.21	1.90	11.92	0.08	1.12	8.00	2.94	1.02
3	29.89	31.20	1.69	10.32	0.10	0.97	8.00	0.03	2.31
4	29.89	31.20	1.39	10.44	0.10	0.98	8.00	2.64	0.19
5	29.89	31.20	2.13	9.29	0.11	0.87	1.54	0.41	1.37
6	29.89	31.20	1.70	10.19	0.10	0.96	2.00	2.01	2.89
7	29.90	31.20	1.66	10.79	0.09	1.01	2.75	0.04	2.14
8	29.90	31.20	2.94	11.30	0.09	1.06	3.33	0.28	1.22
9	29.90	31.20	1.49	11.22	0.09	1.05	3.10	0.25	1.15
10	29.90	31.20	2.89	11.28	0.09	1.09	2.75	0.05	0.66
11	29.90	31.20	2.01	11.83	0.08	1.11	1.13	0.24	0.02
12	29.90	31.21	2.08	10.35	0.10	0.97	2.40	0.09	-0.14
13	29.90	31.20	1.99	11.85	0.08	1.11	2.40	0.21	-0.13
14	29.90	31.21	2.26	11.26	0.09	1.06	2.75	0.06	1.43
15	29.90	31.21	2.01	10.89	0.09	1.02	3.33	0.12	1.01

Tabela 6. Resumo dos parâmetros petrofísicos das amostras de sedimentos recolhidas no porto oriental

N.º da amostra	E	N	Densidade dos grãos (gm/cm3)	Elétrico resistividade (Ω.m)	Condutividade (moho/m)	Fator de formação	Constante dieléctrica	Permeabilidade (milli Darcy)	Tamanho médio (0)
16	29.91	31.21	1.33	11.56	0.09	1.09	1.14	0.49	0.47
17	29.90	31.21	1.32	10.81	0.09	1.02	8.00	0.19	-0.11
18	29.90	31.21	1.78	10.90	0.09	1.01	8.00	0.18	1.35
19	29.90	31.21	2.13	11.43	0.09	1.07	4.50	0.04	1.55
20	29.90	31.21	1.81	10.60	0.09	1.00	3.33	0.03	1.08
21	29.89	31.21	1.86	11.30	0.09	1.06	2.75	0.30	1.85
22	29.89	31.21	2.17	9.99	0.10	0.94	2.00	0.04	2.19
23	29.89	31.21	1.16	10.49	0.10	0.99	8.00	0.02	5.34
24	29.89	31.21	1.93	10.43	0.10	0.98	1.12	0.29	5.16
25	29.89	31.21	1.42	11.44	0.09	1.08	4.50	0.28	0.79
26	29.89	31.21	1.76	10.74	0.09	1.01	2.40	0.26	0.61
27	29.88	31.21	1.20	9.50	0.11	0.89	3.33	0.22	1.00
28	29.89	31.21	1.15	10.65	0.09	1.00	2.17	0.03	0.74
29	29.89	31.21	0.93	11.06	0.09	1.04	2.75	0.10	2.09

6.5.2.2 Resistividade eléctrica

A caraterística geral da distribuição da resistividade eléctrica do porto oriental mostra um valor médio de cerca de 10,84 Ω.m, com o valor mais baixo na amostra n. 5 e o valor mais elevado na amostra n.º 2 (fig.31). O mapa 26 ilustra o incremento da resistividade eléctrica das amostras de sedimentos de sudoeste para nordeste.

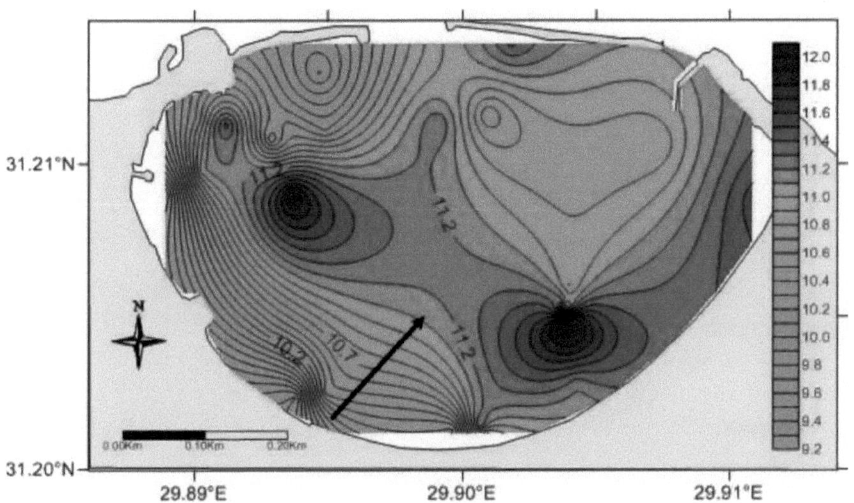

Mapa 26. A resistividade eléctrica (Ohm.m) das amostras de sedimentos no porto oriental.

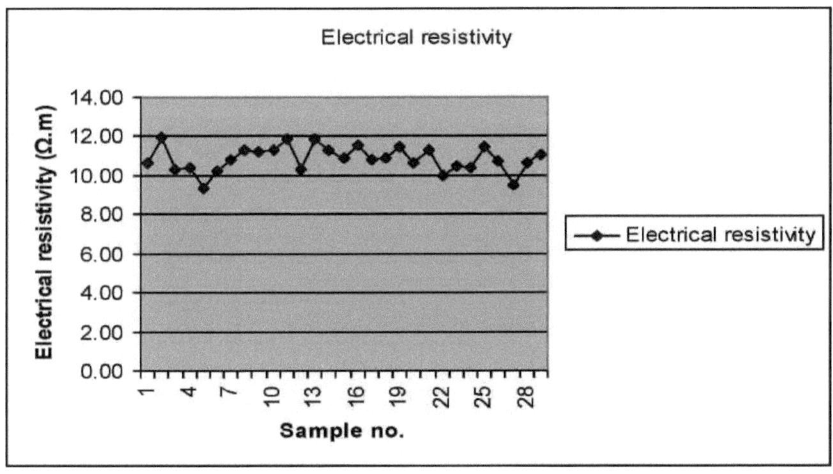

Figura 31. A resistividade eléctrica (Ohm.m) de amostras de sedimentos no porto oriental.

6.5.2.3 Condutividade eléctrica

A caraterística geral da distribuição da condutividade eléctrica do porto oriental mostra um valor médio de cerca de 0,09 moho/m, com o valor mais baixo na amostra n.º 2, 11, 13 e o valor mais alto na amostra n.º 5, 27 (fig. 32). 5, 27 (fig.32). O mapa 27 ilustra o aumento da condutividade eléctrica das amostras de sedimentos de nordeste para sudoeste.

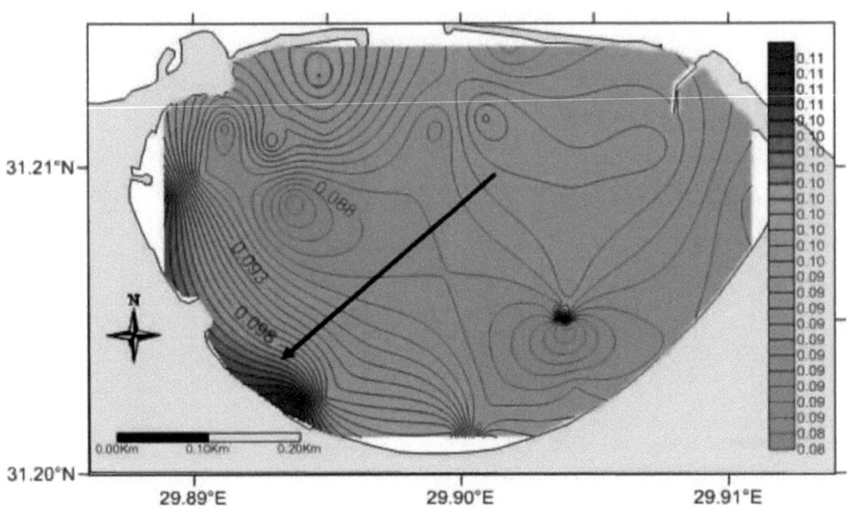

Mapa 27. A condutividade eléctrica (moho/m) das amostras de sedimentos no porto oriental.

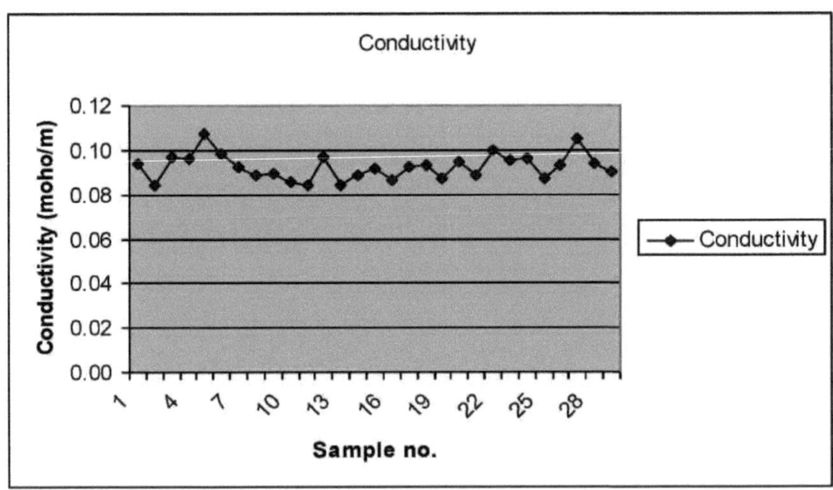

Figura 32. Condutividade eléctrica (Ohm.m) de amostras de sedimentos no porto oriental.

6.5.2.4. Fator de formação

A caraterística geral da distribuição do fator de formação do porto oriental mostra um valor médio de cerca de 1,02, com o valor mais baixo na amostra n.º 5 e o valor mais alto na amostra n.º 2 (fig. 33). 5 e o valor mais elevado na amostra n.º 2 (fig.33). O mapa 28 ilustra o aumento do fator de formação das amostras de sedimentos em direção ao centro do porto oriental.

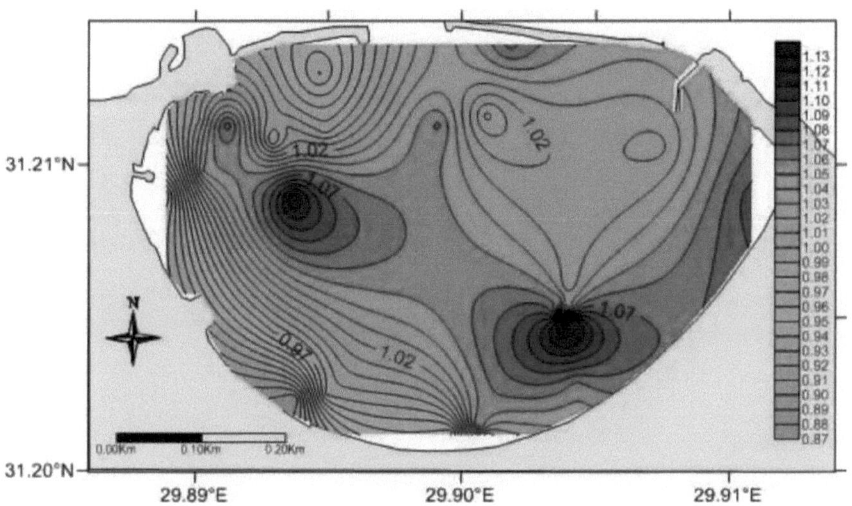

Mapa 28. Fator de formação das amostras de sedimentos no porto oriental.

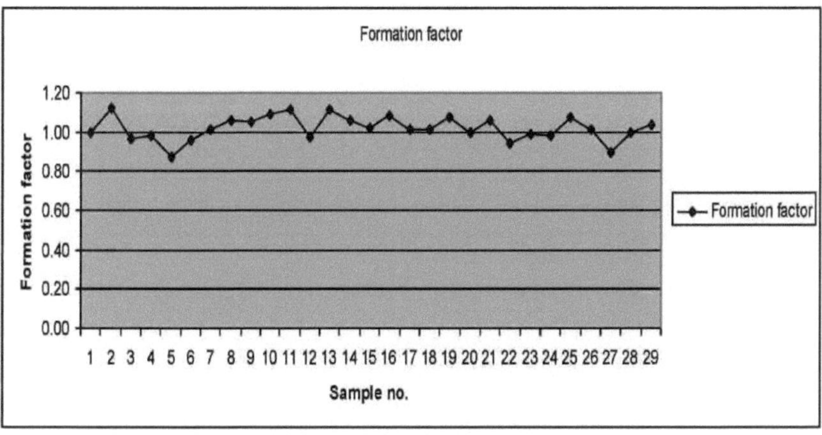

Figura 33. Fator de formação das amostras de sedimentos no porto oriental.

6.5.2.5. Constante dieléctrica

A caraterística geral da distribuição da constante dieléctrica do porto oriental mostra um valor médio de cerca de 3,79, com o valor mais baixo na amostra nº 24 e o valor mais alto nas amostras nº 2, 3, 4, 17, 18 e 23 (fig. 34). O mapa 29 ilustra o incremento da constante dieléctrica das amostras de sedimentos de sudeste para noroeste.

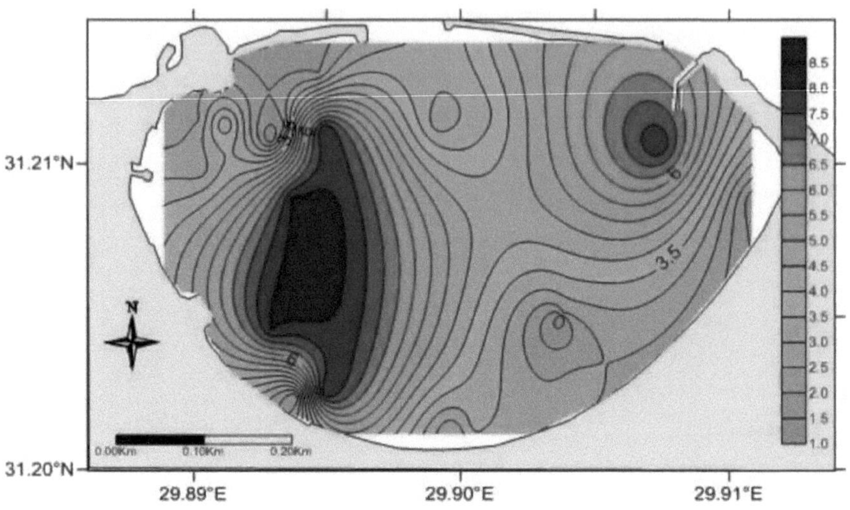

Mapa 29. A constante dieléctrica das amostras de sedimentos no porto oriental.

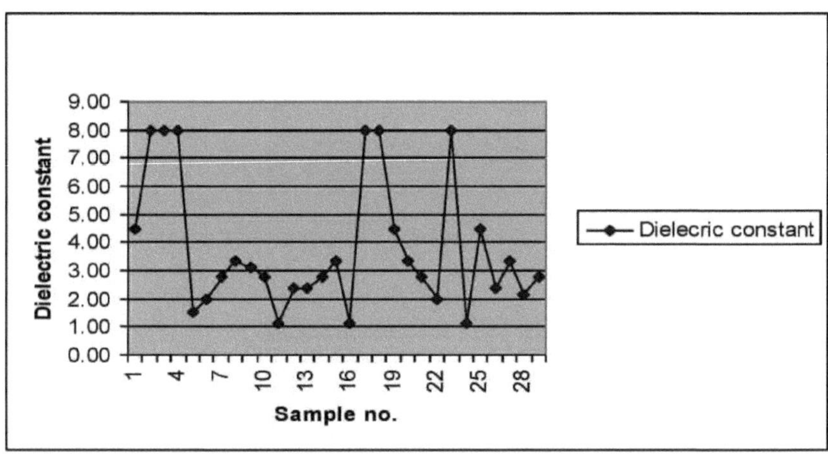

Figura 34. A constante dieléctrica para amostras de sedimentos no porto oriental.

6.5.2.6. Permeabilidade

A caraterística geral da distribuição da permeabilidade do porto oriental mostra um valor médio de cerca de 0,45, com o valor mais baixo na amostra n.º 23 e o valor mais alto na amostra n.º 2 (fig. 35). O mapa 30 ilustra o aumento da permeabilidade das amostras de sedimentos de leste para oeste.

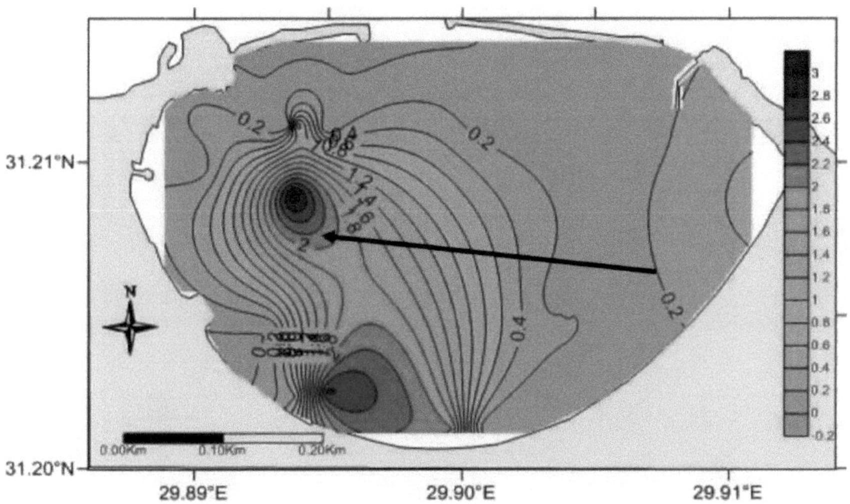

Mapa 30. A permeabilidade (mili Darcy) das amostras de sedimentos no porto oriental.

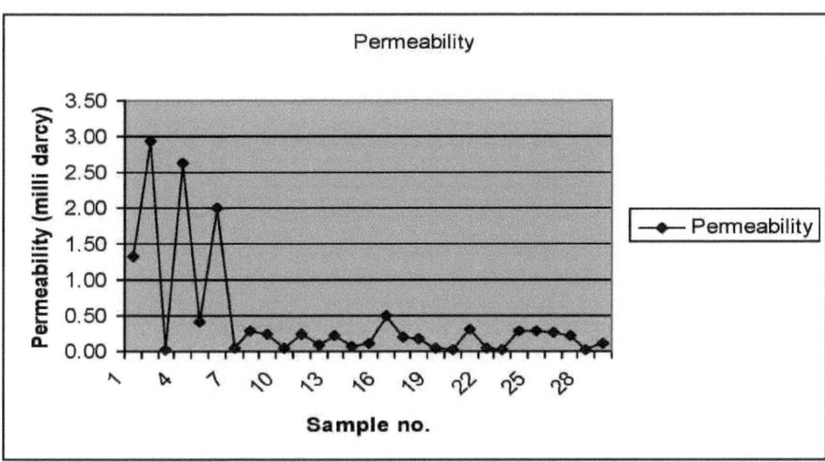

Figura 35. A permeabilidade (mili Darcy) de amostras de sedimentos no porto oriental.

6.6. Salinidade da água

6.6.2. Porto ocidental

6.6.1.1. Salinidade da superfície

A caraterística geral da distribuição da salinidade superficial do porto ocidental mostra um valor médio de cerca de 38,48 partes por mil (ppt) (fig.36). O mapa 31 ilustra o aumento da salinidade superficial das amostras de água de sudoeste para nordeste.

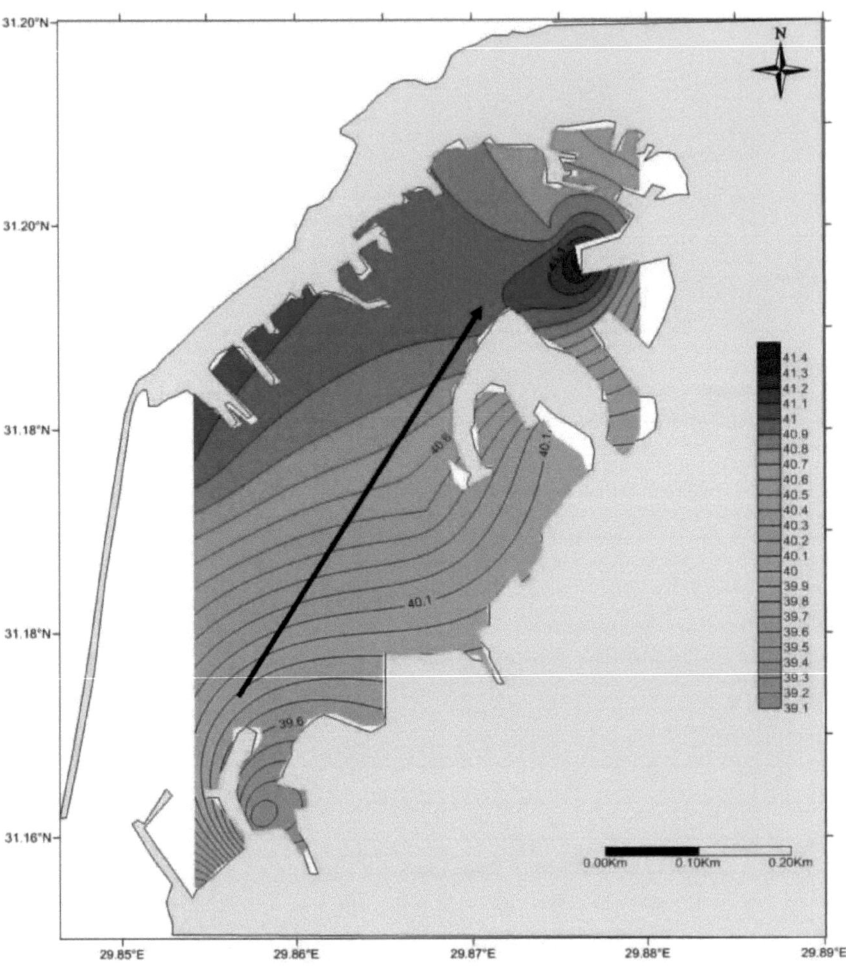

Mapa 31. A salinidade à superfície (ppt) das amostras de água no porto ocidental.

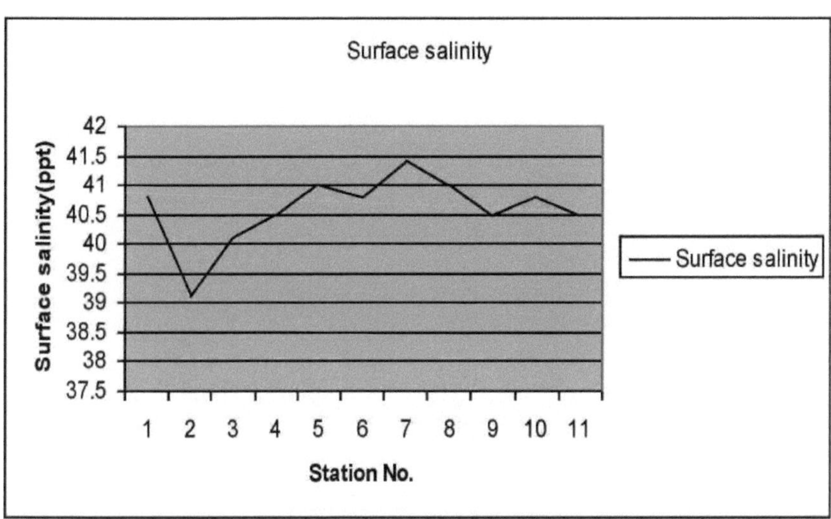

Figure 36. A salinidade da superfície (ppt) para amostras de água no porto ocidental.

6.6.1.2. Salinidade do fundo do mar

A caraterística geral da distribuição da salinidade do fundo do porto ocidental mostra um valor médio de cerca de 41,04 partes por mil (ppt) (fig. 37). O mapa 32 ilustra o aumento da salinidade do fundo das amostras de água de nordeste para sudoeste.

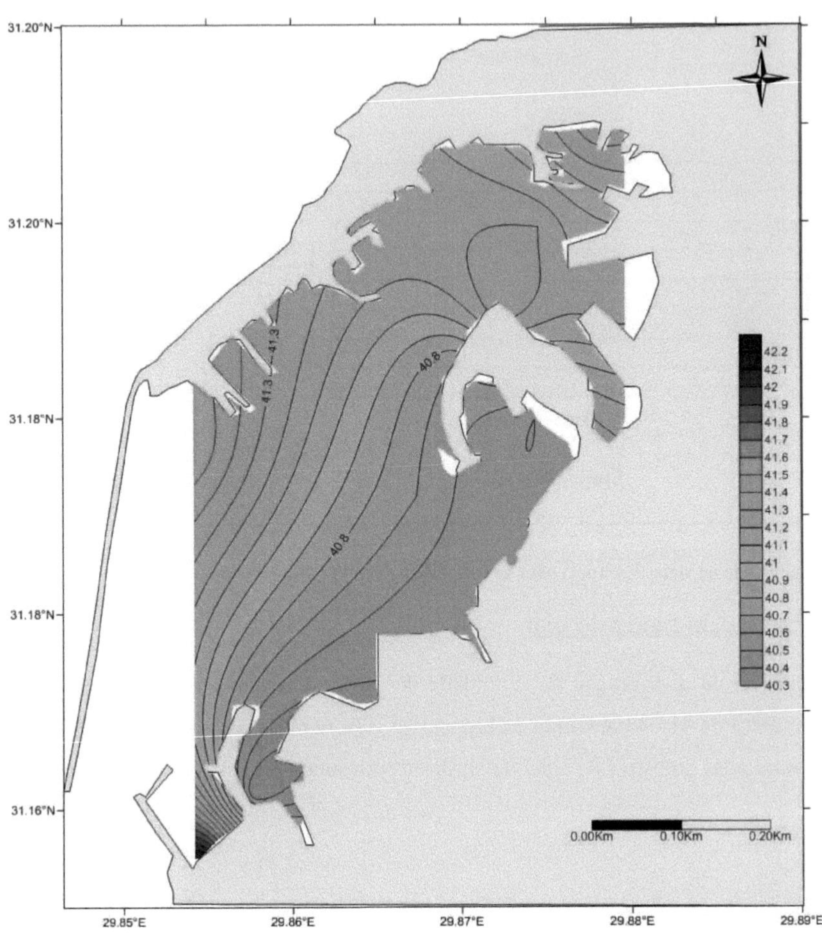

Mapa 32. A salinidade de fundo (ppt) das amostras de água no porto ocidental.

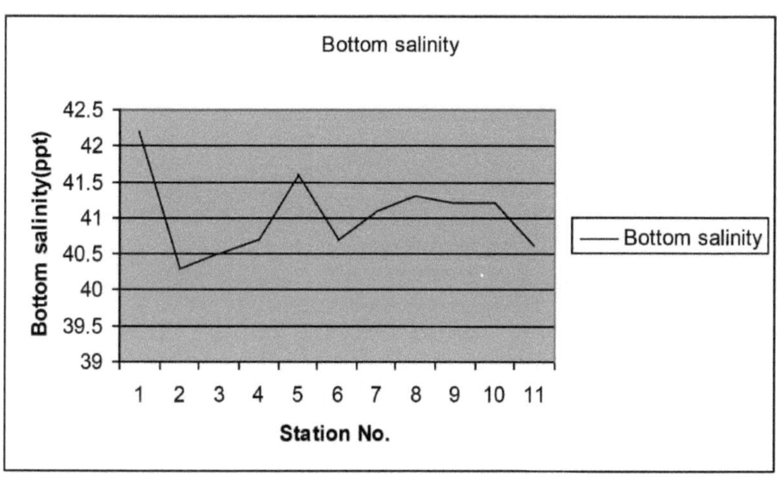

Figura 37. A salinidade do fundo (ppt) para amostras de água no porto ocidental.

6.6.2. Porto oriental

6.6.2.1. Salinidade da superfície

A caraterística geral da distribuição da salinidade superficial do porto oriental mostra um valor médio de cerca de 38,44 partes por mil (ppt) (fig.38). O mapa 33 ilustra o aumento da salinidade superficial das amostras de água em direção ao centro do porto oriental.

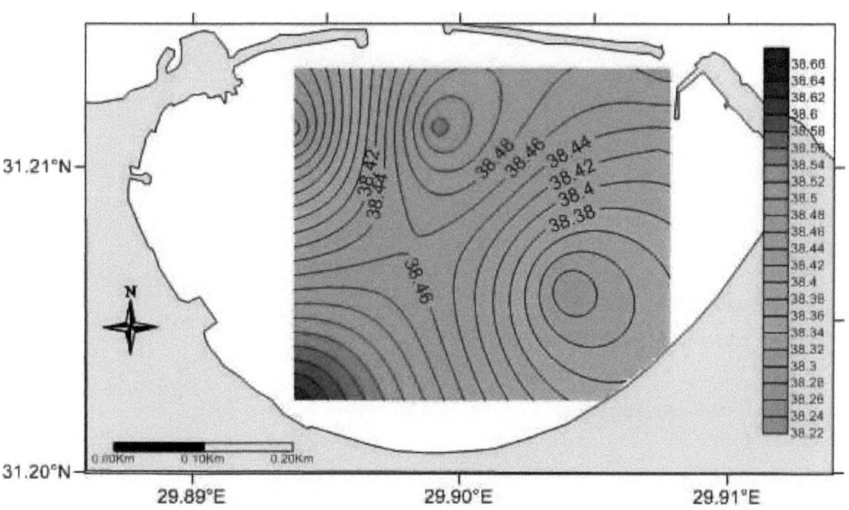

Mapa 33. A salinidade da superfície (ppt) das amostras de água no porto oriental.

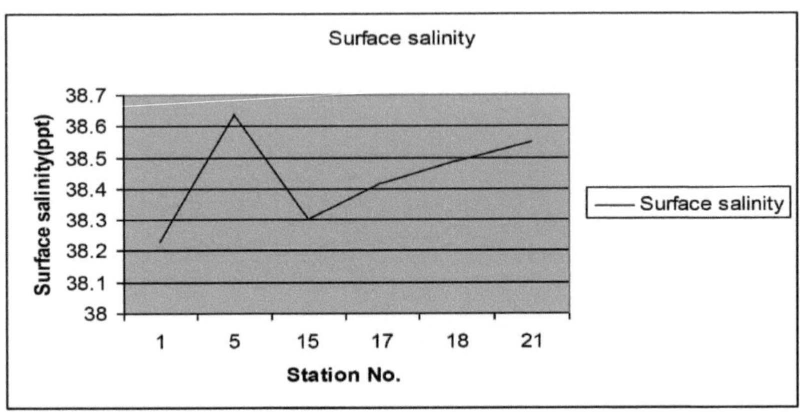

Figura 38. A salinidade da superfície (ppt) para amostras de água no porto oriental.

6.6.2.2 Salinidade do fundo do mar

A caraterística geral da distribuição da salinidade do fundo do porto oriental mostra um valor médio de cerca de 38,48 partes por mil (ppt) (fig.39). O mapa 34 ilustra o aumento da salinidade do fundo das amostras de água de sudeste para noroeste.

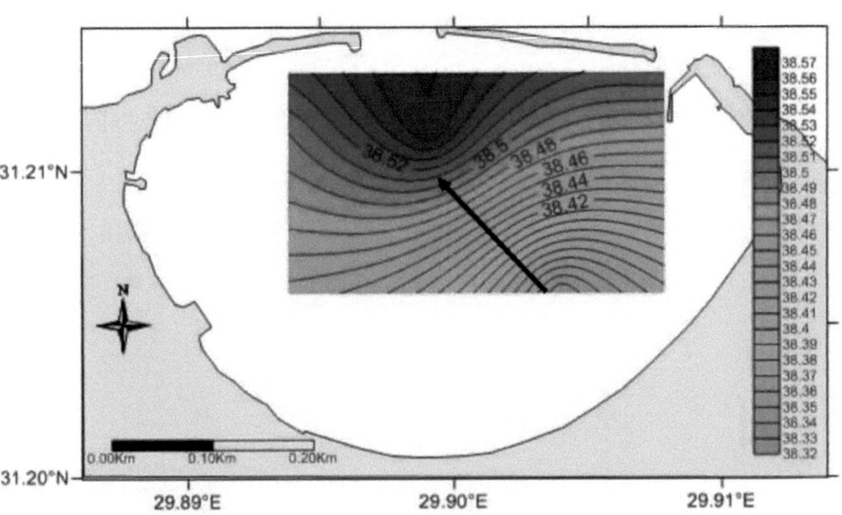

Mapa 34. A salinidade de fundo (ppt) das amostras de água no porto oriental.

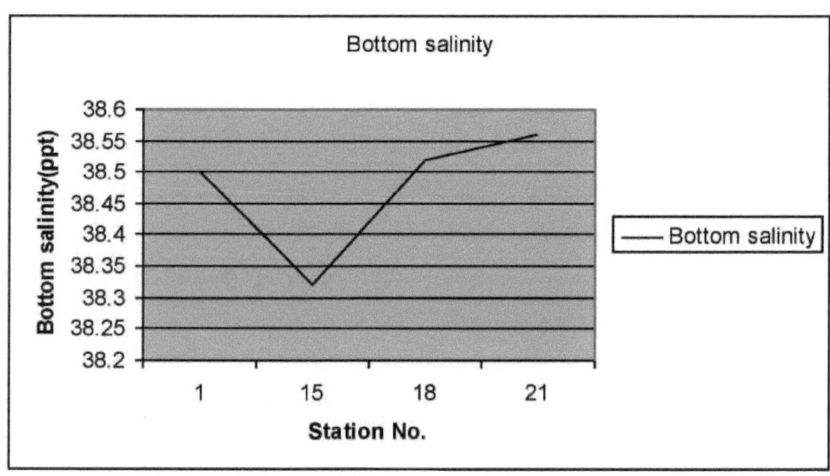

Figura 39. A salinidade do fundo (ppt) para amostras de água no porto ocidental.

7. DISCUSSÃO

7.1. Levantamento acústico e classificação acústica

O objetivo geral deste estudo era determinar que classes de fundos marinhos eram consistentemente distinguidas por um sistema de classificação acústica de feixe único. O levantamento acústico (ecobatímetro de feixe único) nunca foi efectuado antes nos portos ocidental e oriental. O sistema de classificação acústica do fundo marinho discriminou o substrato rochoso do sedimentar em dois locais (portos ocidental e oriental) utilizando o mesmo equipamento. Mas também discriminou a variação do tamanho do grão do sedimento. A razão pela qual o sedimento se classifica em diferentes classes acústicas está provavelmente relacionada com diferenças nas propriedades físicas, como o tamanho do grão do sedimento. Para esclarecer, mediu a salinidade da água do mar porque o valor deve ser introduzido no software de aquisição para correcções. Este resultado está de acordo com Gleason, 2009; Freitas et al., 2008; Riegl et al., 2007; Gleason et al., 2006; Hetzinger et al., 2006; Moyer et al., 2005; Riegl e Purkis, 2005; Riegl et al., 2005a; Riegl et al., 2005b e Hutin et al., 2005, que conseguiram discriminar substrato rochoso de sedimento por QTCV.

As diferenças nas assinaturas acústicas dos sítios sugerem que a classificação acústica e a variabilidade acústica são ferramentas potencialmente úteis para estratificar o esforço de amostragem (núcleo e garra). O inquérito acústico foi complementado com inquéritos de amostragem e de mergulhadores que recolheram dados de "verdade terrestre". Com base na análise da granulometria, nas observações dos mergulhadores e na avaliação dos dados de vídeo da verdade terrestre, o erro de classificação mais comum foi causado por um erro mínimo.

Foram efectuadas correlações entre a análise acústica, a análise granulométrica e os levantamentos de mergulhadores para testar o valor da utilização de assinaturas acústicas para identificar as caraterísticas do fundo marinho. Um mapa simples que distingue o fundo duro do sedimento, que pode ser facilmente produzido com a acústica, constitui uma melhoria substancial em relação à ausência de qualquer informação sobre o tipo de fundo em águas opticamente profundas. Esta discussão considera que a classificação acústica de feixe único pode contribuir para o mapeamento das caraterísticas do fundo do mar, tendo em conta os pontos fortes e as limitações observadas neste estudo.

Outro benefício desta investigação é a capacidade de explorar peças de antiguidades afundadas que foram fotografadas por mergulhadores. Este resultado está de acordo com (Goddio et al., 1998) que encontraram mais peças de antiguidades afundadas semelhantes às encontradas no porto oriental por este estudo (fig.40). Devido à corrente de entrada e de saída, o fundo inclina-se gradualmente nas áreas de estudo em direção ao centro do porto e à abertura de El-Boughaz, exceto na área dos navios afundados, conforme indicado nos mapas batimétricos estabelecidos. Este resultado está de acordo com Maiyza e Said, 1988 e El-Geziry e Maiyza, 2006. Existe um navio afundado em frente à abertura de El-Boughaz que afecta a navegação, a corrente e a sedimentação. Os mapas batimétricos são caracterizados por uma alta resolução no porto oriental e uma baixa resolução no porto ocidental. Este facto deve-se à diferença na densidade das linhas de levantamento em cada porto. A densidade de linhas de levantamento no porto ocidental é baixa, devido às restrições existentes nesta zona.

Figura 40. Artefactos afundados (Goddio et al., 1998).

7.2. Análise granulométrica

A análise granulométrica dos sedimentos do porto ocidental é uma das poucas investigações efectuadas neste domínio. Esta investigação é o segundo trabalho no porto ocidental que se interessou pela análise granulométrica. Os resultados mostram todos os tamanhos de areia, desde areia grossa a areia muito fina, e uma amostra rochosa como amostra de matéria orgânica. A maioria dos sedimentos é constituída por agregados maiores de fragmentos de conchas, vermes tubulares, cascalho e incrustações. Devido à presença de carvão do Porto, alguns dos sedimentos têm espécimes de carvão. Os sedimentos moderadamente e mal ordenados reflectem as condições de baixa energia e o aumento da percentagem de fragmentos de conchas quebradas em alguns locais, apresentando sedimentos menos ordenados. Além disso, devido aos poluentes, ao transporte e à atividade de navegação, os sedimentos do porto ocidental têm um odor a gás e H_2S. A variação da intensidade do odor a gás e H_2S deve-se ao facto de se estar perto ou longe do centro de atividade e da fonte de poluentes. Este resultado está de acordo com (EL-Sayed et al., 1988). A granulometria média, a classificação e a curtose aumentam de nordeste para sudoeste, mas a assimetria aumenta na tendência oposta nos portos ocidentais e orientais.

A distribuição granulométrica em todo o porto oriental varia de areia grossa a silte médio. Estas grandes variações ocorrem sugerindo provavelmente interrupções no sistema de deposição. A maior parte dos sedimentos contém agregados maiores de fragmentos de conchas, vermes tubulares, cascalho e incrustações. Não foi encontrado qualquer odor nos sedimentos do porto oriental, mas o lado ocidental tem sedimentos com odores a gás. O lado ocidental parece ser a única localidade recetora dos impactos humanos, de acordo com o inquérito efectuado pelos mergulhadores. Esta poluição pode dever-se ao porto de pesca presente neste lado. Este resultado está de acordo com Mahmoud et al., 2005; Draz, 2004/2005 e El- Wakeel, 1964. Estes resultados concordam com os dos outros investigadores e apoiam os seus resultados, mas há algumas alterações que se referem à mudança das condições ambientais, por exemplo, a forma de distribuição dos sedimentos. O mapa da distribuição da forma dos sedimentos por QTCV é mais pormenorizado e mais preciso.

Esta semelhança entre os portos ocidentais e orientais pode dever-se ao sistema fechado pelo qual cada área é caracterizada. Sequencialmente, este resultado adequa-se a cada zona quando se correlaciona com cinco classes acústicas no porto ocidental e seis classes acústicas nos portos orientais.

7.3. Análise petrofísica

A partir da análise, nota-se que a condutividade eléctrica aumenta no sentido oposto ao da resistividade eléctrica e este resultado é um facto científico. Ao longo dos testes laboratoriais, descobriu-se que o campo magnético dos sedimentos do porto oriental é elevado e o do porto ocidental é baixo. Este campo magnético pode dever-se à presença da antiga cidade de Alexandria no fundo do mar. Este resultado está de acordo com Goddio et al., 1998, que encontraram mais artefactos de ferro afundados no porto oriental.

8. CONCLUSÕES E RECOMENDAÇÕES

Conclusões

- Através da investigação, consegue-se detetar as caraterísticas do fundo do mar para os portos ocidental e oriental.

- Através da investigação, consegue-se detetar a semelhança das caraterísticas do fundo do mar entre os portos ocidental e oriental.

- A semelhança entre regiões indica uma semelhança nas condições em que estas áreas se encontram.

- A tecnologia de informação do presente trabalho deverá ser continuamente melhorada para encorajar e apoiar a investigação de novas áreas de interesse ao longo das zonas costeiras egípcias.

- O levantamento acústico (geofísico) pode fornecer informações suficientes sobre grandes áreas a baixo custo, em pouco tempo e com menos esforço do que os métodos tradicionais.

- Os estudos acústicos (geofísicos) podem contribuir potencialmente para essa abordagem devido à sua portabilidade, ao pequeno volume de dados e ao historial de produção de mapas de sedimentos úteis.

- O levantamento acústico (geofísico) foi utilizado com sucesso para discriminar o fundo duro do sedimento nos portos ocidental e oriental e estabelecer mapas batimétricos.

- O objetivo desta investigação de dissertação foi avaliar a utilidade do (QTC View V) para o mapeamento de sedimentos do fundo do mar. A justificação para a investigação foi que as áreas do fundo marinho que não podem ser cartografadas com imagens de satélite ou aéreas devido à profundidade ou à turbidez.

- Este estudo abordou o aspeto da transferibilidade utilizando o QTC View V para cartografar vários sítios.

- A análise granulométrica é uma das técnicas básicas no estudo dos sedimentos. Fornece informações úteis sobre os ambientes de deposição, a área de origem e a composição dos sedimentos.

- A análise petrofísica é muito importante para conhecer melhor os artefactos afundados.

- A combinação de mais do que uma análise é útil para garantir a certeza do resultado, uma visão clara e a redução do erro.

Recomendações

1. Recomenda-se a utilização do QTC para outras aplicações em áreas cobertas por águas pouco profundas, como lagos, lagoas e baías, bem como portos e áreas de águas abertas, uma vez que provou ser de alta resolução para investigação pouco profunda. Este amplo conselho deve-se ao facto de ter mais aplicações em diferentes tendências científicas.

2. Recomenda-se a utilização de estudos geofísicos e geotécnicos, geológicos, de oceanografia física e de avaliação do impacto ambiental integrados e pormenorizados antes do estabelecimento de quaisquer projectos costeiros ou marinhos ao longo da costa de Alexandria e especialmente nas áreas de estudo.

3. Recomenda-se a criação de uma base de dados sobre os perfis costeiros que identifique os assentamentos de fundo quente, como a arqueologia submersa, o gás hidratado, ao longo da costa de Alexandria.

4. Recomenda-se que se planeie o tratamento e a eliminação dos esgotos e dos efluentes industriais que estão a contaminar as áreas de estudo.

5. Recomenda-se a realização de mais estudos sobre a arqueologia afundada porque o porto oriental ainda contém mais mistério.

6. Recomenda-se a realização de mais análises em torno do campo magnético do sedimento do porto oriental para saber mais sobre esse campo magnético.

7. Recomenda-se a remoção dos navios afundados para manter o equilíbrio ecológico e não para violar. A operação de remoção tem a sua importância económica na compra das peças afundadas.

8. Recomenda-se que sejam concedidas amplas facilidades à investigação científica, especialmente no porto ocidental.

9. REFERÊNCIAS

Abdel-Aziz, N. E. M., 1997. Produção de zooplâncton ao longo da costa mediterrânica egípcia em Alexandria, com referências especiais à história de vida de uma espécie de copépode. Tese de doutoramento Faculdade de Ciências, Universidade de Mansoura, 384 pp.

Abdellah, A.M., 2006. Simulação da propagação de ondas no porto oriental de Alexandria, Egito. Revista egípcia de investigação aquática vol. 32 no. 1, 2006: 48-60.

Aelbrecht, D. J., Menon, M., Peltier E. e Halim, Y., 1994. Wave propagation and sedimentation at the Pharos site, Coastal management sourcebooks 2, Environment and development in coastal regions and in small islands.

Ahmed, M. H., Noha, S. D., e El-leithy, B. M., 2004. Utilização de dados de deteção remota para avaliar as caraterísticas ópticas da água costeira de Alexandria, Egito. XXth Congress Inter. Society for Photogrammetry and Remote Sensing (ISPRS) 12-23 de julho de 2004, Istambul, Turquia", 2004.

Anderson, J. T., Gregory, R. S. e Collins, W. T., 2002. Acoustic classification of marine habitats in coastal Newfoundland (Classificação acústica de habitats marinhos na costa da Terra Nova). ICES Journal of Marine Science 59:156-167.

Anwar, Y. M., Gindy, A. R., El-Askary, M. A. e El-Fishawy, N. M., 1979. Beach accretion and erosion, Burullus-Gamasa coast, Egypt Mar. Geol., 30: M -M .17

Arbouille, D. e Stanley, D. J., 1991. Evolução do Quaternário tardio da região da Lagoa de Burullus, centro-norte do Delta do Nilo, Egito. Marine Geology, 99: 45-66.

Ball, J., 1939. Contributions to the Geography of Egypt. Cairo, Departamento de Inquéritos e Minas, 308 p.

Barbieri, P., Adami, G., Predonzani, S. e Reisenhofer, E., 1999. Metais pesados em sedimentos superficiais perto de descargas de esgotos urbanos e industriais no Golfo de Trieste. Toxical. Environ. Chem. Vol. 71, pp. 105-114.

Blanckenhorn, M., 1921. Handbuch der Regionalen Geologie: Aegypten-Heidellberg: Carl Winters Universitatsbuch handlung, 244.

Blanckenhorn, M., 1901. Neues zur Geologie und Palaeontologie Aegyptens, IV: Das Pliocan und Quartarzeitalter in Aegypten ausschliesslich des Rothen Meergebietes Zeitschrift.

Deutsche Geologische Gesellschaft, 53:307-502 p.p.

Bloomer, S. F., Biffard, B. R., Chapman, N. R. e Preston, J. M., 2007. QTC deep - um sistema de classificação acústica do fundo do mar de feixe único montado em ROV para mapeamento de alta resolução. Actas do MTS/IEEE Oceans 2007, Vancouver, BC, Canadá, 1-4 de outubro de 2007.

Bornhold, B. D., Collins, W. T. e Yamanaka, L., 1999. Comparação da caraterização do fundo do mar utilizando sonar de varrimento lateral e técnicas de classificação acústica. Actas da Conferência Costeira Canadiana, Victoria, B.C., Canadá.

Broussard, M. L., 1975. Delta, Models for Exploration. Houston, Texas: Sociedade de Geologia, 555 p.

Butzer, K. W., 1960. On the Pleistocene shorelines of Arab's Gulf, Egypt. Journal of Geology 68:626-637.

Champman, P. M. e Wang, F., 2001. Assessing sediment contamination in estuaries, Environmental Toxicol and Chem, vol. 20 (1), pp. 3-22.

Chen, Z., Warne, A. G. e Stanley, D. J., 1992. Late Quaternary evolution of the northern Nile Delta between Rosetta promontory and Alexandria, Egypt. Journal. Coastal Research, 3: 527-561.

Coleman, J. M., 1982. Deltas: Processes of deposition and models for exploration (segunda edição). Boston Massachusetts: International Human Resources Development Corporation, 124 p.

Collins, W. T. e Mc Connaughey, R. A., 1998. Acoustic classification of the sea floor to address essential fish habitat and marine protected area requirements. Actas da Conferência Hidrográfica Canadiana, Victoria, Canadá, março de 1998,

Coutelier, V. e Stanley, D. J., 1987. Estratigrafia do Quaternário tardio e paleogeografia do delta oriental do Nilo. Journal. Marine Geology, 77: 257-275.

De casson, A., 1935. Mareotis. Londres: Morrison and Gibb Ltd., 219 pp.

De Jonge, V. N., Elliott, M. e Orive, E., 2002. Causes, historical development, effects and future challenges of a common environmental problem: eutrophication (Causas, evolução histórica, efeitos e desafios futuros de um problema ambiental comum: a eutrofização),

Hydrobiologia, 475/476, 1-19.

Draz, S. O., 2004/2005. Report on Bottom sediments of the Eastern harbor, Alexandria. Instituto Nacional de Oceanografia e Pescas, Baía de Kayet, Alexandria, Egito (relatório não publicado).

El-Abd, Y., 1985. Algumas propriedades hidrográficas dos sedimentos de recifes de coral. Perto de Sharm Obhur, Mar Vermelho, J. Fac. Mar. Sc., UAE, 4:79-95.

El-Askary, M. A. e Frihy, O.E., 1986. Fases de Deposição dos Promontórios de Rosetta e Damietta na Costa do Delta do Nilo. Jour. of African Earth sciences, vol. 5, pp. 627-633.

El Falaki, M., 1872, Mémoires sur l'antique Alexandrie. Copenhaga.

El-Fishawi, N. M. e Fanos, A. M., 1989. Previsão da subida do nível do mar até 2100, Costa do Delta do Nilo. INQUA Com. Inf. Shoreline Nwsl. 11:43-47.

El-Geziry, T. M., Abd Ellah, R. G., Maiyza, I. A., 2007. Bathymetric chart of Alexandria Eastern harbor , Egyptian journal of aquatic research, 33(1). p. 15-21.

E-Geziry, T. M. e Maiyza, I. A., 2006. Estudo da corrente de água do porto oriental de Alexandria, Egito. Egyptian Journal of Aquatic Research, vol.32, Edição Especial, 2006:60-73.

El-Halaby, O. M. G., 1975. Comparative studies on some recent near-shore foraminifera from the Mediterranean coast of Egypt and Greece. Tese de Mestrado, Universidade Ain Shams.

Ellingsen, K. E., Gray, J. S. e Bjornbom, E., 2002. Acoustic classification of seabed habitats using the QTC VIEW system. ICES Journal of Marine Science 59:825-835.

El-Ramly, I. M., 1971. Alterações da linha de costa durante o Quaternário na região costeira mediterrânica do deserto ocidental (Alexandria-Sallum), Egito, Quaternaria, 15: 285-295.

El-Ramly, I. M., 1968. Alterações quaternárias da linha de costa relativas a paleoclimas e sua ênfase nas possibilidades de água subterrânea do distrito de El-Amiriya/El-Alamine, Deserto Ocidental, Litoral Mediterrânico, Egito. Bull. Instit. d'Egypte, 49:163-166.

El-Sabrouti, M. A., 1990. Sedimentos de praia e conchas de carbonato oolítico do trecho Sidi Abdel Rahman-Matrouh, Egito. Bull. Fac. Sci., Alex. Uni, 30(A): 232-251.

El-Sabrouti, M. A., 1973. Geomorfologia e dinâmica da planície costeira deltaica do Egito. Tese de doutoramento, Universidade de Moscovo.

El-Sayed, M. Kh., 1991[b] . Implicações das alterações climáticas para as zonas costeiras ao longo do Delta do Nilo. The Environment Professional, 13:59-65.

EL-Sayed, M. Kh., EL-Wakeel, S. K. e Rifaat, A. E., 1988. Fator analysis of sediments in the Alexandria Western harbor, Egypt. Revisto de 23/7/1987, aceite em 2/9/1987. OCEANOLOGICA ACTA, 1988. Vol. 11- N1.

El-Sayed, M. Kh., 1988b. Sea level rise in Alexandria during the late Holocene: archaeological evidences. Rapp. Comm. Int. Mer. Medit. 31.

El-Wakeel, S. K., 1964. Sedimentos de fundo recentes do bairro, Alexandria, Egito. Mar. Geol., 2(1964) 137-146.

Emery, K. O., Aubrey, D.C. e Goldsmith, V., 1988. Coastal neo-tectonics of the Mediterranean from tide-gauge records. Mar. Geol., 81: 41-52.

Folk, R. L., 1974. Petrologia e rochas sedimentares. Hemphill. Co, Austin, Texas, P. 170.

Fourtau, R., 1883. La règion de Maryut; etude gèologique. Bulletin de l'Institut d'Egypte, Ser. III, 4, 141.

Freeman, S. M. e Rogers, S. I., 2003. Uma nova abordagem analítica para a caraterização de habitats macro-epibênticos: Ligar as espécies ao ambiente. Estuarine, Coastal and Shelf Science 56: 749-764.

Freeman, S., Bergmann, M., Hinz, H., Kaiser, M. J. e Bennell, J., 2002. Acoustic seabed classification: identifying fish and macro-epifaunal habitats. Internacional

Conferência Científica Anual do Conselho para a Exploração dos Mares: Sessão CM2002/K: 08, Copenhaga, Dinamarca. 28 pp.

Freitas, R., Rodrigues, A. M., Morris, E., Perez-Llorens, J. L. e Quintino, V., 2008. Discriminação acústica de habitats de águas pouco profundas: 50 kHz or 200 kHz frequency survey, Estuarine, Coastal and Shelf Science 78(4): 613-622.

Freitas, R., Rodrigues, A. M. e Quintino, V., 2003a. Deteção remota de biótopos bentónicos com recurso à acústica. Journal of Experimental Marine Biology and Ecology 285-286: 339-353.

Gleason, A. C. R., 2009. Classificação acústica do fundo marinho de feixe único em ambientes de recifes de coral com aplicação à avaliação do habitat da garoupa e do pargo nas

Upper Florida Keys, EUA. Universidade de Miami, Coral Gables, Florida, maio de 2009.

Gleason, A. C. R., Eklund, A. M., Reid, R. P. e Koch, V., 2006. Classificação acústica do fundo marinho, variabilidade acústica e abundância de garoupas num ambiente de forereef. NOAA Professional Papers NMFS 5: 38-47.

Goddio, F., Bernand, A., Bernand, E., Darwish, I., Kiss, Z. e Yoyote, J., 1998. Alexandrie, les Quartiers Royaux Submergés. London.

Golden Software, Golden, CO, versão 9, 2007. Software Surfer para cartografia.

Guidoboni, E. , Comastri, A. , e Traina, G. , 1994. Catalogue of Ancient Earthquakes in the Mediterranean Area up to the 10th Century (Catálogo de Terramotos Antigos na Área Mediterrânica até ao Século X). Bolonha: Istituto Nazionale di Geofisica. 504. p.

Hamilton, L. J., Mulhearn, P. J. e Poeckert, R., 1999. Comparação do desempenho do sistema de classificação acústica de fundo RoxAnn e QTC-View para a área de Cairns, Grande Barreira de Coral, Austrália. Continental Shelf Research 19: 1577-1597.

Hamouda, A. Z., 2006. Egyptian Coast Journal of African Earth Sciences 44 (2006) 37-44'.

Hassan, M. H. e Saad, N. N., 1996. Some studies on the effect of Alexandria Western harbor on the coastal waters, pp. 464-472, Proc. 6th Int. Conf. Environmental protection is a must", NIOF/USPD, Alexandria.

Hetzinger, S., Halfar, J., Riegl, B. e Godinez-Orta, L., 2006. Sedimentologia e mapeamento acústico de fácies de rodolitos modernos numa plataforma carbonatada não tropical (Golfo da Califórnia, México). Journal of Sedimentary Research 76(3-4): 670-682.

Hewitt, J. E., Thrush, S. E., Legendre, P., Funnell, G. A., Ellis, J. e Morrison, M., 2004. Cartografia das comunidades marinhas de sedimentos moles: Amostragem integrada para interpretação ecológica. Ecological Applications 14(4): 1203-1216.

Higazy, R.A. e Naguib, A.G., 1958. Study of Egyptian monazite-bearing black sands. Actas da Segunda Conferência Internacional das Nações Unidas sobre as Utilizações Pacíficas da Energia Atómica, 2: 568-662.

Hilmy, M. E., 1951. Areias de praia da costa mediterrânica do Egito. Jour. Sed. pet., vol.21, pp. 109-102.

Hume, W. F. e Hughes, F., 1921. The soils and water supply of the Maryut district, west of

Alexandria, Cairo, Ministério das Finanças, Survey of Egypt, 52 p.

Hutin, E., Simard, Y. e Archambault, P., 2005. Acoustic detection of a scallop bed from a single-beam echosounder in the St. Lawrence. ICES Journal of Marine Science 62: 966-983.

Ibrahim, M. M., 1963. O último movimento de subsidência de terras na costa mediterrânica (relatório não publicado). Mineral wealth and ground water, Ministério da Investigação Científica, Egito, 12 pp.

IHO, 2004. Organização Hidrográfica Internacional, "The Mariner's Handbook", NP 100, 8th edição, dezembro de 2004.

Kavanagh, B. F., e Glenn, S. J., 1996. "Surveying Principles and Applications "4ª edição, Simon and Shuster Company.

Kebeasy, R. M., 1990. Sismicidade. In: Said, R. (ed.), The Geology of Egypt.

Roterdão: A.A. Balkema, pp. 51-59.

Liozodou, M., Haralabous, K. J. e Sakellarides, P. O., 1991. Tratamento químico de sedimentos contaminados com metais pesados. In: 8th International Conference of Heavy metals in the Environment, Edimburgo.

Lotfy, M. F. e Badr, A. A., 1991. Deformação do relevo a longo prazo e caraterísticas dos sedimentos do porto oriental de Alexandria, Egito. Instituto de Investigação Costeira. Jornal de investigação costeira ISSN 0749-0208 CODEN JCRSEK. 1999, vol. 15, no1, pp. 266-271 (15 ref.).

Loutfy, M. F., 1978. Estudos geológicos da zona costeira entre Ras-El Bar e Port Said. Tese de Mestrado, Alex. Univ. 191 pp.

Mahmoud, T. H., Abdel-Halim, A. M., Gomea, R. H. e Youns, A., 2005. Report Chemical Studies of Eastern harbor Water, Alexandria, Egito (relatório não publicado). Instituto Nacional de Oceanografia e Pescas, Baía de Kayet, Alexandria, Egito.

Maiyza e Said, 1988. Estudo dos taludes de fundo do porto oriental, Alexandria, Egito. Bull.Inst. Oceanog. & fish. SÃO, 14 (1) 1988: 674).

Maldonaldo, A. e Stanely, D.J., 1978. Nile cones depositional processes and pattern in the late quaternary, In D. Stanely and G. Kelling (eds), "Sedimentation in sub marine canyons, fans and trenches". Dowden, Hutchison and Ross, pp. 239257.

MESAEP (Associação Científica Mediterrânica de Proteção do Ambiente), 2003. Actas do 11° Simpósio Internacional sobre Poluição Ambiental e o seu impacto na vida na Região Mediterrânica, Antalya, Turquia, 4-8 de outubro de 2003.

Millet, B. e Goiran, J. P., 2007. Impactos do Heptastadion de Alexandria na dinâmica hidro-sedimentar costeira durante o período helenístico: uma abordagem de modelação numérica. Jornal Internacional de Arqueologia Náutica, 2007. 36 .1: 167176.

Monahan, D., 2011. All Bathymetry is Predicted Bathymetry, Série de Seminários, Universidade de New Hampshire, data: 2011-04-08,

Ligação: https://www.gotomeeting.com/register/982975210

Morrison, M. A., Thrush, S. F. e Budd, R., 2001. Deteção de limites de classes acústicas em sistemas de sedimentos moles utilizando o sistema de discriminação acústica do fundo do mar QTC VIEW. Journal of Sea Research 46: 233-243.

Mostafa, A. R., Barakat, A. O., Qian, Y., Wade, T. L. e Yuan, D., 2004. An Overview of Metal Pollution in the Western harbor of Alexandria, Egypt (Uma visão geral da poluição por metais no porto ocidental de Alexandria, Egito). Soil and Sediment Contamination: An International Journal, Volume 13, Número 3, maio de 2004, páginas 299 - 311.

Moussa, A. A., 1973. Study of bottom sediments of Abu Qir Bay, Dissertação de Mestrado, Universidade de Alexandria, 120 p.p.

Moyer, R. P., Riegl, B., Banks, K. e Dodge, R. E., 2005. Avaliação da precisão da classificação acústica do fundo do mar para mapeamento de ambientes de recifes de coral no sul da Flórida (Condado de Broward, EUA). Revista de Biologia Tropical 53 Suppl. 1: 175184.

Mustafa, H., Geimal, N., e Nakashima, D., 2000. "Underwater Archaeology and Coastal Management, Focus on Alexandria" UNESCO Publishing.

Neev, D., Bakler, N. e Emery, K. O., 1987. Mediterranean coast of Israel and Sinai: Holocene Tectonism from Geology, Geophysic and Archaelogy, New York: Taylor and Francis. 130 pp.

Neev, D., Greenfield, L. e Hall, J. K., 1985. Slice tectonics in the Eastern Mediterranean Basin In: Stanley, D. J. and Wezel, F. C. (eds.) Geological evolution of the Mediterranean Basin, New York: Spsinger-Verlag: 249-269.

Neev, D., Hall, J. K. e Saul, J. M., 1982. O mega sistema de cisalhamento Pelusium através de África e sistemas de lineamentos associados. J. Geophys. Res., 87(B2): 1015-1030.

Grupo Poema, 1992. Circulação geral do Mediterrâneo Oriental. Earth-Science Reviews 32:285-309. CrossRef.

Preston, J. M., Christney, A. C., Beran, L. S. e Collins, W. T., 2004a. Segmentação estatística do fundo do mar a partir de imagens e ecos para agrupamento objetivo. 7th European Conference on Underwater Acoustics, Delft, Países Baixos, 5-8 de julho de 2004. 6 pp.

Preston, J. M., Christney, A. C., Collins, W. T., Mc. Connaughey, R. A. e Syrjala, S. E., 2004b. Considerações sobre a caraterização acústica dos fundos marinhos em grande escala para a cartografia dos habitats bentónicos. Actas da Conferência Científica Anual do CIEM, 22-25 de setembro de 2004, Vigo, Espanha.

Quester Tangent Corporation, 2004. QTC IMPACT User Guide Version 3.40, Sidney, BC, Canadá, 126 pp.

Quester Tangent Corporation, 2002. QTC User Guide Version 2.1, Sidney, BC, Canadá.

Rashed, M. A., 1978. Estudos sedimentológicos e mineralógicos das amostras costeiras da Baía de Abu Qair, Alexandria. Tese de Mestrado, Alex. Univ. 157 pp.

Riegl, B. M., Halfar, J., Purkis, S. J. e Godinez-Orta, L., 2007. Facies sedimentares do recife mais setentrional do Pacífico oriental (Cabo Pulmo, México). Marine Geology 236(1-2): 61-77.

Riegl, B. M. e Purkis, S. J., 2005. Deteção de corais subtidais pouco profundos a partir de dados de sonar de feixe único do satélite IKONOS e do QTC View (50, 200 kHz) (Golfo Arábico; Dubai, EAU). Sensoriamento Remoto do Ambiente 95(1): 96-114.

Riegl, B.M., Moyer, R. P., Morris, L., Virnstein, R. e Dodge, R. E., 2005a. Determinação da distribuição de comunidades de ervas marinhas de águas pouco profundas e de algas de deriva com discriminação acústica do fundo do mar. Revista de Biologia Tropical 53 Suppl. 1: 165-174.

Riegl, B. M., Moyer, R. P., Morris, L. J., Virnstein, R. e Purkis, S. J., 2005b. Distribution and seasonal biomass of drift macroalgae in the Indian River Lagoon (Florida, USA) estimated with acoustic seafloor classification (QTC View, Echoplus). Journal of Experimental Marine Biology and Ecology 326(1): 89-104.

Saad, M. A. H., Mccomas, S. R., e Eisenreich, S. J., 1985. Metais e hidrocarbonetos clorados em sedimentos superficiais de três lagos do delta do Nilo, Egito. Water, Air and Soil Pollution, 24:27-39.

Said, M. A. e Maiyza, I. A., 1987. Avaliação das águas residuais não tratadas no porto oriental, Alexandria, Egito. Boletim. Inst. Oceanogr. & Fish. SÃO, 13(2), 1987: 1-20.

Said, 1981. The Geological Evolution of the River Nile. Nova Iorque: Springer-Verlag. 151. p.

Said, M. A., Ennet, P., Kokkila, T. e Sarkkula, J., 1995. Modeling of transport processes in Abu Qir Bay, Egypt, Medcoast 95, 24-27 de outubro, Tarragona, Espanha.

Said, R., Philip, G. e Shukri, N. M., 1956. Flutuações climáticas pós-tirrénicas no norte do Egito. Quaternaria, 3: 167-172.

Sandford, K. S. e Arkell, W. J., 1939. O homem do Paleolítico e o vale do Nilo no Baixo Egito. Publicação do Instituto Oriental da Universidade de Chicago, 36: 1-105.

Schwartz, S. A., 1980. Um levantamento preliminar do porto oriental, Alexandria, Egito, indicando uma comparação entre o sonar de varrimento lateral e a visualização remota. Instituto de Tecnologia de Massachusetts.

Sharaf El-Din, S. H., Khafagy, A. A., Fanos, A. M. e Ibrahim, A. M., 1989. Valores extremos do nível do mar na costa mediterrânica egípcia para os próximos 50 anos. Seminário Internacional sobre Flutuações Climáticas e Gestão da Água, 11-14 de dezembro de 1989, Cairo, Egito, 2-6.

Shata, M. A. e Deghedy, E. E. M., 2004. Caraterísticas sedimentológicas e petrográficas dos sedimentos subsuperficiais no porto de El-Dekheila, Alexandria, Egito. Bull. Nat. Inst. Nat. Of Oceanogr. & Fish., A.R.E., Vol. (30) 2004: 1-12. ISSN 11100354.

Shata, A., 1955. Uma nota introdutória sobre a geologia da parte norte do Deserto Ocidental do Egito. Bull. Inst. Egito, 5: 96-106.

Shukri, N. M. e Philip, G., 1956. The geology of the Mediterranean coast between Rosetta and Bardia, Part III, Pleistocene sediments: Análise mineral. Bull. Inst. Egito, 37:445-445.

Shukri, N. M, Philip, G. e Said, R., 1955. The geology of the Mediterranean coast between Rosetta and Bardia. Bull. Inst. Egito, 37: 377-427; 427-455.

Smith, R. L., Brown, C. J., Meadows, W. J., White, W. H. e Limpenny, D. S., 2004. Cartografia dos biótopos do fundo marinho a duas escalas espaciais no Canal da Mancha oriental. Parte 2. Comparação de dois sistemas acústicos de discriminação do solo. Journal of the Marine Biological Association of the United Kingdom 84(3): 489500.

Smith, W. H. F. e Wessel, P., 1990. Gridding with Continuous Curvature Splines in Tension. Geophysics 55(3): 293-305.

Soliman, G. H., 1964. Estrutura primária numa parte da praia de areia do Delta do Nilo. Depósitos deltaicos e marinhos pouco profundos. Edit. Van Streaten, Elsevir, Publ. Comp. Amsterdam.

Stanley, D. J., Jean-Daniel e Jorstad, T. F., 2005. Destruição por tsunami de Alexandria, Egito: erosão, deformação de estratos e introdução de material alóctone. Geological Society of America Abstracts with Programs, Vol. 37, No. 7, p. 75.

Stanley, D. J., Goddio, F. , Jorstad, T. F. , e Schnepp, G. , 2004. Submergência de antigas cidades gregas ao largo do delta do Nilo no Egito - um conto de advertência. GSA Today 14:410. Cruzamento

Stanley, D. J., Warne, A. G., Davis, H. R, Bernasconi, M. P. e Chen, Z., 1992. Late Quaternary evolution of the north central Nile Delta between Manzalaa and Burulus lagoon, Egypt. National Geographic Research & Exploration, 8: 22-51.

Stanely, D. J., 1990. Subsidência recente e inclinação para nordeste do Delta do Nilo, Egito. Mar. Geology, vol. 94, pp. 147-154.

Stanley, D. J., 1988. Subsidência no Nordeste do Delta do Nilo: taxas rápidas, causas possíveis e consequências. Science, 240: 497-500.

Toma, S. A. e Salama, M. S., 1980. Changes in bottom topography of the western shelf of the Nile Delta since 1922. Mar. Geol. 36: 325-339.

von Szalay, P. G. e Mc. Connaughey, R. A., 2002. The effect of slope and vessel speed on the performance of a single beam acoustic seabed classification system. Fisheries Research 54: 181-194.

Warne, A. G. e Stanley D. J., 1993. Late Quaternary evolution of the Northwest Nile Delta and adjacent coast in the Alexandria region, Egypt. J.Coast. Res. 9, No. 1: 26-64.

Zagloul, Z. M., Meshref, H., El-Sherbiny, M. e Hermas, E., 1992. Monitorização ambiental de solos recentes do Delta do Nilo Norte. Jour. Of Environmental Sciences, Mansoura Univ., vol. 4, pp. 19-40.

Zhang, L., Xueming, W. e Yang, M., 2002. As concentrações de fundo de 13 elementos vestigiais do solo e as suas relações com os materiais de origem e a vegetação em Xizang (Tibete), China. Journal of Asian Earth Sciences, vol. 21, pp. 167-174.

Printed by Books on Demand GmbH, Norderstedt / Germany